逐梦太空的少年
人造卫星

小小航天科学家研究所 ◎ 编著

海峡出版发行集团
THE STRAITS PUBLISHING & DISTRIBUTING GROUP

福建科学技术出版社
FUJIAN SCIENCE & TECHNOLOGY PUBLISHING HOUSE

序

2020年7月23日，海南文昌的沙滩上，阳光明媚，海天一色，远处的发射架上突然闪出一道耀眼的光芒，一支白色的火箭伴随着震耳欲聋的轰鸣声拔地而起，划过天空，留下一道长长的尾迹……我与来自全国各地的许多观众一起目送着火箭升空，而它的目的地是几千万千米之外的火星，中国人派出的太空使者——天问一号正式踏上征途。虽然火箭的轰鸣声巨大，但也没能遮盖掉人们的欢呼声。我看着人海沸腾着的沙滩，不禁在想：这欢呼声或许跟50年前东方红一号卫星发射升空时一样。不同的是，如今普通老百姓也有了目送火箭上天的机会，航天比过去离我们更近了。

人类的历史就是一部探索未知世界的历史，没有什么比广袤的天空和浩瀚的宇宙更能撩拨我们血液中渴望探索的基因了。每学期的第一堂课，我都会给我的学生提到嫦娥奔月、敦煌飞天、羽人翔翔……虽然这些是神话传说，但它们也都说明，中华民族自古以来就是向往飞翔的，在人类探索太空的伟大史诗中，中国人必将留下精彩的篇章。

从1970年我国第一颗人造地球卫星东方红一号入轨，到北斗卫星组网；从神舟五号的"太空一日游"，到建设"天宫三居室"；从嫦娥一号巡游月球，到祝融号在火星"开车兜风"……中国航天

的故事很多，也很精彩。更重要的是，这些故事中凝聚着中国人的智慧，散发着开拓创新的精神，这些智慧，这些精神，是我们可以传递给下一代的珍贵宝藏。

　　许多孩子心中都有一颗探索未知世界的种子，而科普就是浇灌这些种子的雨露，既然是雨露，就应当润物于无声，寓教于乐，追求更容易被接受的表达和传播方式。这一点，在我从事航空航天科普教育的几年里感受愈发深刻。

　　"逐梦太空的少年"系列是一套图文并茂、故事性和科学性都很强的航天科普图书，更是一套优秀的少儿航天科普启蒙作品，它通过漫画和故事的方式，将航天知识层层渗透。看完故事，也许你就会惊讶地发现，自己已经变成了一个"航天小专家"了。

"苟胜老师"梁毅辰

　　西安航空学院飞行器设计与工程专业讲师，陕西省线上精品课程"航空航天概论"负责人，航空航天科普教育博主。获评2020年今日头条百大人气创作者，获2020年网易新闻知识公路超级新星奖。

人物介绍

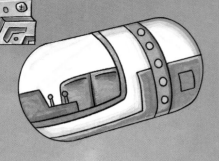

福子月

年龄： 12 岁

特点： 外向好动，阳光自信，爱好科研

简介： 因为母亲从事航天工作，所以对航天有着浓厚的兴趣，在漫游神箭小征和好朋友魏星辰的陪伴下学习了很多航天知识

魏星辰

年龄： 11 岁

特点： 有点儿书呆子气，但是极具科学家精神，总喜欢尝试新点子

简介： 福子月的同学、邻居，受好朋友福子月的影响，也对航天产生了极大的兴趣

漫游神箭——小征

特点： 性格开朗、活泼，有时候是个话痨，古灵精怪

简介： 福妈妈发明的机器人，既是福子月和魏星辰的朋友，也是为他们传授航天知识的"导师"，还能变成飞船陪同他们实现身临其境般的"思维探索"

福妈妈

年龄： 36 岁

特点： 做事严谨细致、一丝不苟，对人和蔼可亲

简介： 福子月的妈妈，航天发射指挥控制中心的指挥员，也是小征的发明者

福爸爸

年龄： 40 岁

特点： 性格自信开朗，话语不多但能带给孩子们很多欢乐

简介： 福子月的爸爸，也是福子月和魏星辰的科学课老师

楔子 探询卫星的秘密

北斗卫星好神奇，好像生活中处处都离不开它了！

福子月和魏星辰都知道，火箭最主要的用途是送航天器上天，送得最多的就是人造卫星了。人造卫星跟月球一样，围着地球不停地转圈，它们有的是进行科学探测的科学卫星，有的是进行技术试验的试验卫星，还有直接为我们提供各种服务的应用卫星。

1970 年 4 月 24 日，我们的"东方红一号"卫星上天，开创了中国航天史的新纪元。时至今日，虽然它的能量早已耗尽，但仍在太空绕着地球默默运转，见证着中国航空航天大发展。现在，我们发射的卫星越来越多，除了"北斗卫星导航系统"，还有"墨子""悟空""张衡""风云"……这些都离不开中国科学家在航天领域的默默耕耘，无私奉献。

每一颗上天的卫星都肩负着重要的工作任务，它们各司其职，大显神通。可它们在天上到底都有哪些作用呢？我们生活中的哪些便利得益于它们？它们在轨道上一刻不停地运转不会撞到一起吗？它们在任务完成后又去了哪里？

一个个疑问摆在航天迷福子月面前，她想要了解更多的卫星知识，瞻仰中国人造卫星的奠基人和开拓者，为自己以后成为航天员的梦想打下基础，而她的好朋友魏星辰想要跟她一起去见证新的航天奇迹——人造卫星，这是他们要探索的又一个目标。

当然，还有陪着他们一起的小征，作为福子月和魏星辰的"良师益友"，它又怎么会缺席这场探险呢？有了小征的帮助，关于卫星的旅程将会更加充实、有趣。人造卫星，即将迎接他们的到来啦！

目录

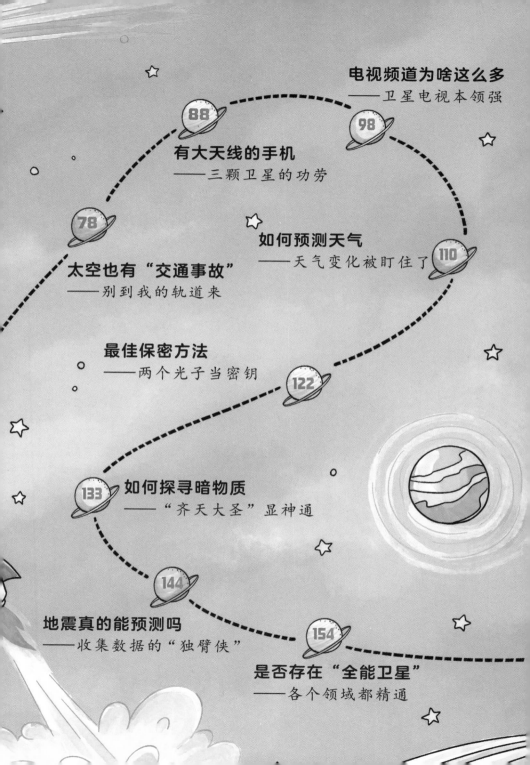

开启"北斗时代"

——生活正在改变

到处都停满了车，实在找不到停车位了！

周末，福爸爸带着福子月和魏星辰去科学馆看展览，可是参观者实在太多，科学馆的停车场已经不够用了，福爸爸只好开着车到处转悠。

福子月和魏星辰看着近在眼前的科学馆，却不能游览，都感到有点扫兴。福子月灵机一动，说："爸爸，您能不能导航到其他停车的位置？"

"对呀！"福爸爸一拍脑门，"平时不用找停车位，都快把这功能给忘了！"于是，他对着手机喊了一句："导航到最近的停车位！"

此时，车里响起了一个甜美的声音："北斗导航正在为您规划路线。"

总算停好了！

福爸爸根据语音提示，驾车驶入附近一个商场的地下停车场后，带着两个小家伙不一会儿就走到了科学馆，顺利进馆游览。

"咱们的北斗可真厉害！"福爸爸赞叹道。

从科学馆回来，魏星辰问福子月："子月，导航不是只能定位目的地吗？它还能帮着找停车位，这也太神奇了吧！"

福子月挠挠小脑袋，说："我只是随口一说，哪知道它的本领这么大！"

福子月和魏星辰知道，我国建设北斗导航系统是用来定位和导航的。古代人们发现天上的北斗七星因为季节不同，斗柄所指方向也不同，但无论怎么变化，斗柄指向的北极星是不变的。因此，找到了北斗

七星，就找到了北极星，实现"定位导航"。

"卫星……它也是在天上绕地球运动的，那小征肯定会知道。"魏星辰说，"去问问它吧！"

"天上那点事，还有小征不知道的吗？"福子月这样想道，于是拉着魏星辰跑进书房，叫出了小征。

"北斗？停车位？"小征听完他俩的疑问，用古怪的眼神望着他们，"北斗导航，这都是好多年前的事情了！"

福子月有点尴尬："要说它能导航，我们早就知道了。但我们没有开过车，当然不知道它还能帮着找到停车位。"

"那你说说，除了导航，它还能干些什么？"小征饶有兴致地问福子月，"北斗这么大的工程，总不能只是为了给大家导航吧？"

这下，福子月和魏星辰都答不上来了，只好央求小征给他们讲讲。

小征笑了笑，展开了面前的屏幕，屏幕中央是地球，上空围绕好多颗卫星，互相连接起来形成了一张网把地球包起来。

"这就是北斗？"魏星辰好奇地问。"这么多卫星！"福子月数不清到底有多少颗卫星。

小征告诉他们，北斗是"中国北斗卫星导航系统"的简称，是中国自行研制的全球卫星导航系统，英文简称是BDS，它是继美国的全球卫星定位系统（GPS）、俄罗斯的格洛纳斯卫星导航系统（GLONASS）之后第三个成熟的卫星导航系统。北斗系统主要为人们提供定位、导航、授时服务。

已为您规划好出行路线。

"定位、导航不是必须根据固定的地址吗？停车位这种随时会有变化的地方，也能导航吗？"福子月还在纠结这个问题。

"这并不难啊！"小征笑着说，"它不是还有定位功能吗？北斗导航系统能够精确到厘米，在停车站点使用北斗卫星点位停车诱导系统，通过车辆安装的电子标签，可以显示最近的车位，能够具体到某个站点的泊位号，实现精确诱导停车。至于车位的情况，自然是因为它已经'监测'到原来停的车已经离开，才会把你引导到空车位上。"

"哦……"福子月和魏星辰恍然大悟，原来其中原理如此简单。

"除了定位、导航，北斗还能做些什么？"魏星辰来了兴趣。

"北斗的用处可大了！它在交通、农业、林业、渔业等多个领域都有应用！"说到北斗的用处，小征的自豪之情溢于言表。它把手放在屏幕前动了几下，屏幕上出现一个个真实的场景。

"看，这是救灾的画面。"北斗有定位和短报文通信功能，可以及时把位置报给救灾指挥部。地震、泥石流、台风等自然灾害发生时，作为生命线的移动通讯

中断，只能依靠我们的北斗系统，使用短报文通信功能进行通信、定位信息和遥感信息等，实现与现场人员信息交互的可能。在2008年的汶川地震中，救援部队就利用120字的短报文功能突破通信盲点，与外界取得联系、通报灾情，供指挥部及时作出决策。"

"看，这是工程技术方面。"航天工程中，北斗作为关键设备为各类遥感卫星提供精密轨道位置。因为遥感卫星要对准地面的某个地方，这样才能知道我们拍的照片怎么跟地面进行匹配。另外，有些大坝时间久了会产生形变，超过一定范围可能会垮掉，用北斗进行监测，就可以监控到大坝毫米级、亚毫米级的形变。"

"看，这是农业。北斗的实时精密定位能应用于土地和农田的整理和管理，它的终端装在拖拉机和收割机等农业机械上，就能够实现对农田的精密耕作。"

"在陆地交通中的用途就更多了，除了定位和导航，北斗还能应用到智能交通、路况信息管理、道路堵塞治理中，高铁也可以运用北斗系统进行道路建设、路基沉降监测，利用北斗进行运行管理和运行安全监控。"

"看看，这是在民航航路管理和导航、飞机着陆等方面的作用……"

"这是在国防中的应用……"

"这是在城市管理中的应用……"

"生活中的应用更多了！我们平时点外卖装上北斗定位功能，外卖小哥就知道去哪里取餐、送到哪里，你也可以知道外卖小哥正在哪里、大概什么时候

送到。"

听着小征滔滔不绝的讲述，福子月和魏星辰惊叹不已。他们没有想到，原来北斗已经渗透自己生活的方方面面。说不定，连他们的学习生活也会跟北斗有关……

果然，小征又说了："就说你们上学吧，北斗系统下的校园学生安全监控网络给你们提供了全方位的保护。配上接收系统，可以准确地知道你的位置。这个接收的微型芯片可以装在你们的校徽和通行卡里面，任何时候都能定位你所处的位置，定位信息可以精确到你站着的那块地板砖！怎么样，牛不牛？"

"牛！"福子月和魏星辰已经心服口服。这个宝贝，彻底改变了我们的生活，他们对北斗也越来越有兴趣了！

北斗与智慧生活

2020 年 6 月 23 日，北斗三号全球卫星导航系统星座部署全部完成。北斗三号全球成网，在 5G、物联网、人工智能等新技术的配合下，各行各业都加速向自动化、智能化方向发展。北斗正全面走向大众应用，服务百姓生活。

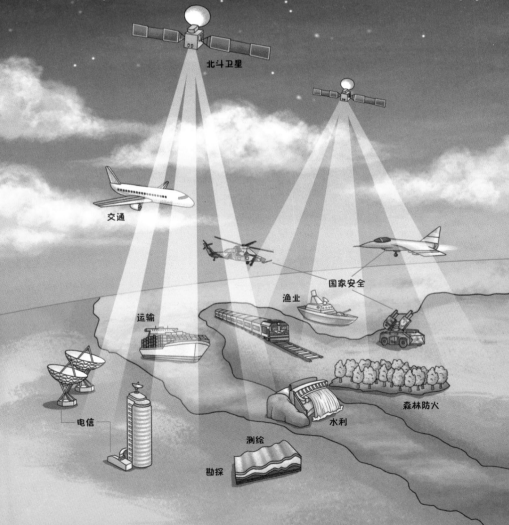

北斗卫星

交通

国家安全

渔业

运输

电信

森林防火

水利

测绘

勘探

精准定位如何炼成

——跟着我，不会错

　　"小征，说了这么多，我想知道卫星是怎么实现定位的？"福子月又提出了新的问题，"它在天上要时时刻刻盯着地球表面吗？每天处理几十亿人的行动，也太难了吧！"

　　"何止是人，还有车辆、船只、高铁……"魏星辰补充一句，他感到这些卫星的"工作压力"也太大了！

　　"哈哈，不是你们想的那样！"小征一指面前的屏幕说，"北斗是整个系统，它的运作得益于天上几十颗卫星的共同协作……"

　　"说破天也就这几十颗卫星，就算它们能实现所有的准确定位，那每时每刻都有这么多人发送请求，它能处理得过来吗？"魏星辰打断了小征的话。

面对魏星辰的咄咄逼人，还有福子月期待的目光，小征哭笑不得："我们先来了解北斗是怎么工作的，就会明白为什么它们能处理这么多的请求。"

小征向他们介绍，苏联的第一颗人造卫星上天后，美国的物理学家发现，如果在地面上架设多部接收机，可以根据接收到信号的不同频差推算出卫星的具体位置。他们想，如果把思路反过来，卫星不是同样能发现接收机在哪里吗？GPS系统就按这种思路启动了。

在小征的带领下，福子月和魏星辰坐着飞船出现在茫茫太空，一颗卫星"飘"在他们身边。

这是北斗卫星中的一颗。小征告诉他们，这些卫星并没有时时刻刻去"跟踪"地面上的一举一动、再告诉你定位信息，而是单向通信——也就是说，地面上无论是手机还是其他接收设备，只能被动接收来自卫星的信息，而不能与卫星直接进行交流。所以，它所支持的设备是没有上限的，可以把它看作是天上的一个"大喇叭"，每时每刻向地面提供时空信息。

这些信息的内容也很简单，包括了四个要素：什么时候、在哪里。

"这明明是两件事情嘛。"福子月和魏星辰都露出疑惑的神情。

望着福子月和魏星辰一头雾水的样子，还没等他们发问，小征就升起了面前的屏幕："'在哪里'这个概念，不是指具体的地方，而是位置会在一个三维的立体场景中体现出来。"屏幕上，出现了一个立体坐标轴，分别有X、Y、Z三个维度，这是卫星在天空中的位置。

三个空间维度加一个时间，果然是四个要素！

"卫星把自己的位置，通过信号传输速度乘以卫星与地面之间的传输时间，就可以得出卫星与接收端之间的距离。这么说你们能理解吧？"速度乘以时间等于距离，这个福子月和魏星辰学过，于是两人都点了点头。

一颗卫星不足以定位，理论上来说，三颗卫星的数据就能定位，但数据也还是有些少。为了得到较高的准确度，北斗锁定四颗卫星，知道它们的具体位置，通过这些位置提供的信息，再经过复杂的计算，就能破解出接收器所在的坐标及时间。

"所以它不用同时处理来自地球四面八方的请求，那倒是省事。"福子月仔细看着屏幕上的演示，但还是有疑问，"可我看爸爸拿着手机导航，那不是地面在向卫星发送请求吗？"

小征对她解释："北斗系统每时每刻都在向地面提供信息，我们的手机每时每刻都会接收到这些信

北斗卫星

传播不稳定，出现了点误差啦。

导航显示科技馆在这附近呀！

息。但只有解决定位和导航需求时，才会把接收到的信息解码出来，从而确定位置。”

魏星辰似懂非懂：“我好像明白了……只是，这样的定位会百分百准确吗？”

“这是最理想的情况，实际在应用中还是会有一些偏差。比如时间不准、大气传播延迟等，极小的误差都可能导致结果相差很远，就需要有其他的方法来修正误差。”小征回答。

“这些误差还能自己修正？”福子月好奇了。

“当然能！比如卫星在天空绝对位置的问题，现在天上的卫星都是由每个国家派出专门机构进行维护，定期将推算和编制的各种信息、控制指令等写入卫星存储系统，位置准确度可以达到厘米级。它的位置准确了，对地面上的定位才能更加精准。”

福子月和魏星辰还在消化这些知识，天上的卫星也在慢慢"掠过"飞船。随着卫星位置的变化，它发送的信息同样会变更。地面上的接收端从卫星那里获

得它最新的位置和到自己的距离这两个原始数据，经过计算就能得出自己所在的位置。至于中间那些复杂的计算过程，福子月和魏星辰直接忽略了。

"等下！"魏星辰像发现了新大陆一样叫起来，"我们用的不都是北斗系统定位、导航吗？怎么手机上显示的是GPS定位？GPS不是美国的卫星系统吗？"

福子月也愣了一下，是啊，福妈妈的手机上就一直开着GPS定位，这意味着，我们用的还不是北斗系统吗？

小征笑着告诉他们，天上的卫星定位系统就有好几个，最早是美国发明的全球卫星定位系统（GPS），后来又有了俄罗斯的格洛纳斯卫星导航系统（GLONASS）、欧盟的伽利略卫星导航系统（Galileo），还有区域定位的如日本的准天顶系统（QZSS）、印度的印度区域导航卫星系统（IRNSS）等。咱们的北斗虽然起步晚了点，但后来居上，自主建设、独立运行，早已能为全球用户提供连续、稳

定、可靠的服务。目前，北斗产品已在
全球一半以上国家和地区应用。

"美国的GPS系统在20世纪
90年代就开始提供导航服务，
而我们的北斗那时才启动建
设，在这个领域大大晚于美
国，所以GPS导航系统已经
抢占了中国市场，咱们的北斗
投入市场需要慢慢赶超。"小征不紧不慢地解释，一
点也没有沮丧、失落，反而让福子月感到有些奇怪。

"但是——"果然，小征的话有了转折，"GPS
是全球定位系统的意思，美国只是用了'GPS'这个名
字。所以，我们的手机使用的并不一定就是美国的卫星
导航系统GPS，而是使用了GPS这个全球定位系统，最
大的可能就是我们自己的北斗卫星导航系统了！"

"哈哈，那就是说，我们在不知不觉中，早就用
上北斗了！"魏星辰叫了起来！

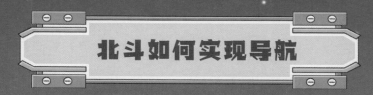

北斗如何实现导航

北斗卫星系统空间端有几十颗卫星在高空上环绕地球运行，任意时刻在地面上的任意点都可以同时观测到 4 颗以上的卫星。

接收机可按卫星的分布分成若干组，每组 4 颗，然后通过计算挑选出误差最小的一组用作定位，从而提高精度。

全球导航卫星系统（Global Navigation Satellite System）统称 GNSS，我们平时所说的 GPS 定位只是 GNSS 中的一种，是目前最成熟、覆盖面最广、定位精度最高的一种卫星定位系统。

高度确定

双星定位方案中，用户需要自测高程，并将结果作为第三个坐标。这就好比是在地球中心装了一个虚拟的卫星，实现"三星定位"。

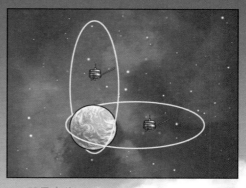

定位方法

卫星的位置、卫星到用户端的距离精确可知，利用 3 颗卫星便能解出用户端的位置。考虑到卫星在移动，卫星与接收机之间有时间误差，因而引入第 4 颗卫星，从而得到用户端的经纬度和高程。

双星定位

以两颗在轨卫星的坐标为圆心，以它们到用户终端的距离为半径，形成两个球面，用户终端位于球面交线的圆弧上。只要解出圆弧与地球表面的交点，即可获得用户的位置。

陈芳允（1916—2000）

"两弹一星"功勋，中国卫星测量、控制技术的奠基人，1983 年提出了双星定位，带领课题组研制"双星定位通信系统"，1989 年演示成功。

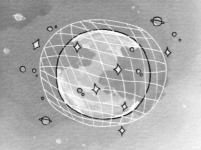

北斗卫星多少颗

——这些答案都没错

"北斗系统开通以来，一直运行稳定，能够持续为全世界用户提供优质服务，开启了全球化、产业化新征程……"

课外活动时，班主任姚老师声情并茂地介绍了北斗卫星系统，同学们认识到自己衣食住行的方方面面都受到了北斗卫星的影响。面对这么伟大的成就，大家感到十分自豪，在自由讨论时向姚老师提出了不少问题。

福子月和魏星辰对北斗的了解比其他同学要多一些，他们也参与到热火朝天的讨论中，把自己所知道的天文知识分享给大家。

这时，一个同学问福子月："子月，北斗卫星系统都有一、二、三号了，它一共有多少颗？"

福子月愣了一下，北斗的定位需要4颗卫星，这个系统里的卫星肯定不少，可到底是多少呢，她还真不知道。同学看她回答不上来，又跑去问姚老师。姚老师说，北斗三个系统，每个系统的卫星数量都不同，加起来有五六十颗，具体是多少她也要去查资料，明天再告诉大家。

福子月和魏星辰可不想等到明天，放学回家后自己先查了一下，发现有很多不同的答案，有说30颗的，有说55颗的，还有说59颗的。他们被弄糊涂了，只好叫出了小征。

"小征，北斗一共有多少颗卫星？"福子月开门见山地问道。

这个问题难不倒小征："跟探月工程、探测火星工程一样，我们的北斗系统也是分三步走，所以有北斗一号、二号和三号。你们一起过来看看，这样能了解更多信息。"

在小征的带领下，福子月和魏星辰乘着飞船来到茫茫的太空。

"这是2000年到2007年这几年发射的北斗一号卫星。"伴着小征的介绍，天空的卫星一颗一颗放射出光芒，标志着它是北斗一号的一员。

"只有4颗？"魏星辰有点疑惑，小征说4颗卫星才能进行定位，那北斗一号仅有这4颗就能覆盖到全国甚至全世界？

小征笑了："这4颗都是试验卫星，只是为了证明北斗系统的可行性。"原来，北斗一号证明了科学家陈芳允先生提出的双星定位理论，我国的导航系统只需要"主控站+两颗卫星+用户站"就可以实现定位导航，同时实现短报文功能。

"当时我们困难重重，可是科学家不怕艰难，解决了缺乏地面数字高程图技术、无线电技术和理论等难题，把北斗卫星发射上天了。"

小征告诉他们，北斗一号是试验卫星，采用的是有源信号定位，也就是客户端要主动向卫星发射无线电定位申请信号，卫星再将信号转发给地面控制中心，地面控制中心对测距信号进行定位结算后，再将定位信息发送给用户终端。这个过程不但麻烦，而且与后面的北斗二号、三号系统的无源信号定位完全不同。

"现在我们说的导航卫星的数量，是指能够提供无源导航信号的卫星数量，所以北斗一号这4颗卫星被排除在外。"小征解释道。

"那北斗二号呢，一共有多少颗？"福子月问道。

飞船继续飞行，一颗颗卫星在小征的指挥下亮了起来。

"1、2、3、4……"魏星辰不厌其烦地数了起来，"一共是20颗，没错吧？"

"对，北斗二号包括了14颗组网卫星和6颗备份星。"小征回答。

"备份星？卫星还有备份的？"福子月更好奇了。

"你们其实了解过备份星了——我们的探月工程中，嫦娥一号、二号也是卫星，嫦娥二号不就是嫦娥一号的备份星吗？"

备份星是在原卫星失效的情况下接替它工作的卫星。与嫦娥二号不同的是，北斗导航卫星不能等，所以它要同时发射到天上去，准备随时接替"前辈"的工作。

北斗二号从2007年发射第一颗卫星开始，到2019年发射最后一颗备份星为止，任务才全部完成。现在，北斗一号4颗卫星已经全部退役，北斗二号也有不少卫星结束工作任务，由备份星顶了上来。

"北斗三号呢？"魏星辰想知道最终答案。

小征带着他们继续"点亮"天空中的卫星。

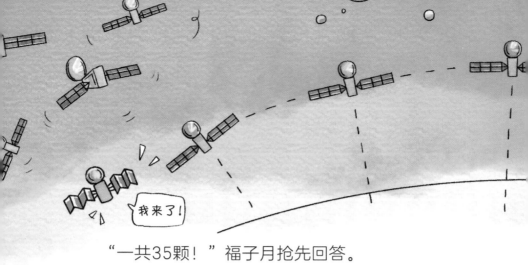

"一共35颗！"福子月抢先回答。

"2020年6月，北斗三号最后一颗组网卫星上天，一共是35颗，包括了30颗组网卫星和5颗试验卫星。"

"还有试验卫星？"魏星辰有点糊涂了。

"试验卫星主要作为技术支持的验证，不参与提供服务，在计算北斗三号的组网卫星时不会将它们计算在内。"小征耐心解释，"从2017年北斗三号首发算起，不到3年的时间发射30颗卫星，其中12次为一箭双星，2018年连续成功发射18颗卫星，差不多20天发射1颗，在国际导航卫星发射史上都是最快纪录！"

这么算下来，福子月似乎有点明白了："原来网上说的30颗，指的就是北斗三号。"

魏星辰也算了出来："算上北斗系统总共发射的

卫星，那就一共是59颗！"

小征点了点头："北斗系统一共发射了59颗卫星，只是北斗一号4颗是有源信号定位，没算在北斗系统的卫星里面，那也就是说……"

"55！"魏星辰叫了出来。原来，网上不同的答案是从不同角度切入的。

福子月又问："我们还会不会有北斗四号、五号？"

"北斗三号卫星导航系统正式建成，科学家早已着手研究下一代北斗卫星导航系统的建设。那时无论室内还是室外，无论深海还是深空，都会有北斗卫星立体服务覆盖，更加广泛、更加安全，而且也更加可靠！"

现在的北斗三号已经很神奇了，未来的北斗四号……福子月和魏星辰已经开始憧憬起来。

北斗卫星系统

中国北斗卫星导航系统是继美国发明的全球卫星定位系统（GPS）、俄罗斯的格洛纳斯卫星导航系统（GLONASS）之后的第三个成熟的卫星导航系统。北斗卫星导航系统（BDS）是联合国卫星导航委员会认定的供应商之一。

服务范围

北斗卫星导航系统可在全球范围内全天候、全天时为各类用户提供高精度、高可靠的定位、导航、授时服务，并且具备短报文通信能力。全球范围内已经有 137 个国家与北斗卫星导航系统签下了合作协议。

北斗一号星座

2000 年建成的北斗一号卫星导航试验系统，主要向中国境内提供卫星导航和定位服务。

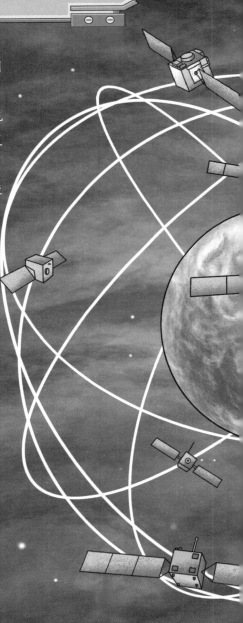

2012 年建成的北斗二号卫星导航系统，开始向亚太地区提供卫星导航和定位服务。

北斗二号星座

2020 年 7 月，北斗三号全球卫星导航系统正式开通，可以面向全球提供卫星导航和定位服务。

北斗三号星座

2020 年初，新冠肺炎疫情暴发。北斗系统利用北斗高精度技术，多数测量工作一次性完成，为武汉火神山和雷神山医院建设节省了大量时间，为抗击疫情贡献了北斗的智慧与力量。

原子钟会失误吗

——差一秒都不行

"七点半了，还不快起床上学！"伴随着急促的闹铃声，福妈妈的声音传来。

"七点半了？！"福子月一骨碌翻身爬了起来。昨晚福子月睡得很香，早上醒来还睡了个回笼觉，一不小心就睡过头了。

手忙脚乱地穿好衣服并洗漱完毕，福子月赶到了学校，还好没有迟到。一路上她在想：为什么手机上的时间这么准？要是闹铃稍微提前一点，今天也就不用这么狼狈了！

这个问题一直萦绕在福子月的脑海里，放学时她告诉了魏星辰。魏星辰想了想觉得也对，他玩过爸爸的手机，手机上的时间几乎和电视显示的时间完全一致，而且不用自己设置、调整，这也太神奇了。

回到家，福妈妈坐在沙发上喝茶，福子月问她："妈妈，您手机上的时间是系统自带的吗？"

"哈哈，我的手机时间是自动生成的，它来源于接收信号的基站。这些基站使用卫星定位系统来保持时钟同步，也就是说，手机上的时间其实就是卫星提供给你当前所处基站的时间。"福妈妈一脸和蔼地说。

卫星，又是卫星。

福子月虽然不是很明白，但想起小征说过的，卫星的功能有"定位、导航、授时"，那不是就可以直接问小征吗？而且还能让它带着继续探索新的"旅程"。

于是她悄悄拉了一下准备继续询问的魏星辰，说了声"谢谢妈妈"，转身走进书房。

福妈妈哪能没看到她的小动作，知道他们又是去找小征了，笑着摇了摇头。

　　叫出小征，福子月赶忙问道："小征，卫星可以授时，可授时是什么意思？它为什么要授时？"

　　"授时就是建立时间标准、传递时间信息的行为。为什么要授时？这是因为在卫星的定位和导航中，只有时间准确了，才能精确计算出具体的位置。"小征说，"我们的航天活动更需要时间的精准同步，比如神舟飞船与中国空间站的交会对接，对接过程必须精准无误、严格周密，这就要求地面多个测控站对这两个飞行器的姿态同步观测，实时发出测控指令。哪怕只差一秒，'对接'也会变成'车祸'。"

　　小征生动的形容让他们意识到，原来精准的时间这么重要。可是，卫星不是钟表，怎么能够授时？

　　小征仿佛看穿了他们的疑惑，笑着说："来吧，我们一起去看看！"

　　原来，所谓的授时解决的就是时间同步的问题。国家授时中心制订标准时间，然后让它保持连续、稳定，再播发给各行各业，让他们在工作和生活中进行

应用，才能保证生产生活平稳有序。而授时的关键，就在于卫星。

小征告诉他们，1970年东方红一号卫星发射时，我国就专门建立了时间发播台，对发射场、测控站、测控船的各处时间进行同步。带着东方红一号的长征一号火箭起飞后，发射场、测控站及测控船对它进行连续测控，预测它将出现的时间和方位，随时准备"接力"。如果时间不同步，很有可能跟丢目标，用科学家们的话说："即使只差那么1秒，火箭就不知道飞到哪里去了！"

东方红一号是我国发射的第一颗人造卫星，它上天之前没有卫星提供授时功能，只能依靠地面的发播台。

不一会儿，飞船已经带着他们来到了一颗北斗卫星旁边。望着在天空中运行的大家伙，福子月和魏星辰睁大了眼睛，想要找到与时钟有关的部分。

"别找了，你们看不到的！"小征显然知道他们想找什么，"卫星上面是原子钟，它的精度可以达到每

2000万年1秒的误差！"

为什么会这么精准？小征说，根据物理学的基本原理，物体是由原子构成，当原子从一个能量态变化到另一个低一些的能量态时会释放电磁波，形成共振频率。原子钟里有一个石英块，它像钟摆一样来回振荡，每秒能振荡5000万次，

我的时间是2000万年才差1秒！

可你要是有1纳秒的时间误差，就会引起0.3米的测距误差！

注：1纳秒 = 10^{-9}秒

9万年只差1秒，这样的精度足够高了。当它的振动变慢，需要重新"刺激"一下，推动它恢复振动，这就要用到原子钟里的原子，比如用铯原子作为节拍器来推动，以保持高度精确的时间。

"所以这就是铯原子钟？"福子月问。

"是的，2007年，我国成功研制的铯原子钟实现了600万年不差1秒，达到世界先进水平。铯原子钟又被称作喷泉钟，因为它的工作过程是铯原子像喷泉一

样上下振动。"小征说。

面对福子月和魏星辰求知若渴的眼神，小征继续介绍："卫星上的原子钟一般是铯原子钟、铷原子钟和氢原子钟，北斗三号卫星大部分用上了我们自己研制的铷原子钟。它体积更小、重量更轻、能耗更低，而且可靠性更高、寿命更长，制造和使用成本也更低。以前的铷原子钟有一人多高，现在只有一个鞋盒大小，更方便放在卫星里面。"

"那其他的呢？"福子月被原子钟给吸引了。

"与铷原子钟相比，氢原子钟有它的优势。主动型氢原子钟稳定度指标最高，但体积较大；被动型氢原子钟体积、重量和能耗相对较小，稳定度仅次于主动型，当然研制难度也是最高的。"

"这么好的'钟'，我能弄一个放家里吗？"魏星辰听得如痴如醉。

"家里的钟表已经够用啦！"福子月说，"咱们也该回去了，今天早点睡，明天不用怕迟到！"

北斗授时系统

北斗卫星

北斗授时系统通过我国原子时系统AT（CSAO）和协调世界时UTC（CSAO）得到精密的时钟信号，为科研、航天等各行业生产生活提供标准可靠的时间信息。

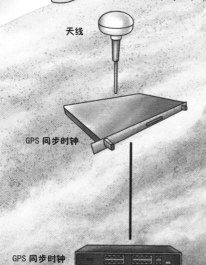

天线

GPS 同步时钟

GPS 同步时钟

电脑　　摄像机　　服务器　　监控终端　　网络子钟

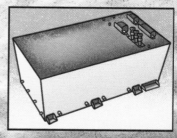

北斗卫星上的铷原子钟

2007 年发射的北斗卫星装载 4 台国产星载铷原子钟，测试表明铷原子钟工作正常，各项指标满足设计要求。

科学家在波兰格旦斯克圣凯瑟琳教堂内架设脉冲星钟，利用脉冲星发出的规律脉冲来计时，天文天线接收脉冲后，转化为迄今为止最精准的时间。

不工作的卫星

——永远的东方红一号

北斗已经在天上织成了"网"，福子月和魏星辰对人造卫星的兴趣越来越大，经常会讨论这个会不会跟卫星有关、那个会不会受卫星的影响。

走在放学回家的路上，突然不知是哪里传来一阵《东方红》的旋律。

"东方红，太阳升……"福子月跟着哼唱起来。

"东方红？我们的第一颗人造卫星就叫东方红一号吧？"魏星辰若有所思地说。

福子月停住哼唱，笑着说："是啊，它在天上运转时，也一直播放这首歌呢！"

"那后来呢？"魏星辰打破砂锅问到底。

"后来……后来应该不再工作了，就掉下来了吧？"福子月有些不确定。

"不再工作就会掉下来吗？"魏星辰也不确定，"那岂不是很危险？谁知道它要掉到哪里啊！"

"掉下来不是在大气层里就烧毁了吗？我们去问问小征吧！"福子月想的其实是又可以出去探险了。这样的好事，魏星辰自然不会错过。

回到家里，小征听完他们热火朝天的讨论，笑着说："来吧，带你们去看看我们的东方红一号！"

东方红一号卫星是1970年由我国第一枚运载火箭长征一号送上太空的，它的外形为近似球体的72面体，直径在1米左右，重达173千克。小征告诉福子月和魏星辰，东方红一号在发射的10分钟后就进入了轨道，歌曲《东方红》响彻寰宇，中国也成了世界上第五个独立研制和发射人造地球卫星的国家。

眼前这个闪闪发光的卫星，依旧静静地在轨道上运行，但已不再播放乐曲《东方红》。

"真是璀璨夺目！"隔老远魏星辰就看见它了，不禁发出赞叹。

"哈哈，它是第一颗能够在地球上用肉眼直接观测到的人造卫星！"小征也乐了。

"肉眼直接可见？"福子月有点不相信。空间站的太阳翼展开有几十米宽，在空气清澈、气候条件良好的情况下反射了太阳光才隐约可见。相比之下，小小的卫星也能在地球上被肉眼直接观测到？

小征告诉他们，当时东方红一号外表面都贴满了经过处理的铝合金，但在地面上看来也只有7等星的亮度（星等是天文学上对星星明暗程度的表示方法，数字每增加一个整数，代表亮度减少2.5倍），肉眼可见最暗弱的恒星大约是6等。为了让它能在天空中璀璨夺目，天才的中国设计师在三级火箭上增加一个镀铝的"衬裙"，星箭分离后，"衬裙"展开，直径可达4米左右，在阳光的照射下光芒四射，亮度接近2等星！

所以，我们在地球上观测到的并不是卫星，而是一直跟在它后面、送它入轨的三级火箭。

福子月好奇地问："那东方红一号是什么时候退役的？现在又在哪里？"

"你知道东方红一号为什么是近似球体吗？"小征没有直接回答福子月，却反问她一句。

见福子月和魏星辰答不上来，小征自己把答案公布了："近似球体的设计，是为了减少它的运行阻力。同样的道理，如果使用当时已经发展成熟的太阳翼供电，也会因为体积增大而增加阻力，所以，东方红一号的供电采用了体积小得多的银锌电池。"

"银锌电池是化学电池，这就意味着东方红一号的工作时间受到了电池的限制。"小征接着说了下去，"东方红一号并不需要长期在太空工作，所以它

的设计寿命只有20天，但它坚持工作了28天。它把遥测参数和各种太空探测资料传回地面后，才停止发射信号。"

听完小征的生动讲解，福子月和魏星辰意犹未尽。

"然后呢？"魏星辰很想知道这颗伟大的东方红一号卫星去了哪里。

"然后……不是还在你们眼前吗？"小征笑着说。

"啊？"福子月和魏星辰大吃一惊，用小征的话说，东方红一号现在还高高地挂在天上，围绕着地球运行呢！

"它……它不是没电了吗？"魏星辰难以置信地问道。毕竟，从1970年到现在，东方红一号已经在天上"飞"了50多年了！

小征笑眯眯地看着他没有说话，福子月托着下巴陷入了沉思："卫星""不掉下来""轨道"……

"我知道啦！"福子月兴奋地一拍大腿，"太空中没有空气，东方红一号就一直在它的轨道上匀速

还以为它只能在历史书上出现了，没想到还在天上！

运动，所以不会掉下来，是这样吧？"

小征赞许地点点头："是的。比起当时其他国家发射的卫星，东方红一号更重，有173千克。为了增加发射成功率，科研人员给它配备了更强的推动装置，让它进入离地球2000多千米的轨道。它运行的轨道几乎是真空，所以就算它没有了动力，依然还能够在轨道上运行。"

"不对！"魏星辰突然说，"既然那里几乎是真空，就不会有空气阻力才是。可是你刚刚说，它是近似球体、使用银锌电池，都是为了减少阻力，这是怎么回事？"

福子月一想：也对，都没有空气，哪里来的阻力？

小征不紧不慢地说："你们还记得空间站吗？即使是在太空，那里也会有极其稀薄的空气，对空间站产生影响，所以它需要不时用燃料推动着前进，也就是轨道保持。东方红一号同样会受到这样的阻力影响，只不过它质量没有空间站那么大，而且所处的位置比空间站更高，所以它保持在轨道上就不需要额外施加外力。"

"不过，这样的话它还是多少会受到影响，以后还是会掉下来吧？"福子月有些不放心。

"话是这么说，但科学家已经分析过了，它要掉下来，至少也要一千年以后。那时，我们已经把这颗伟大的卫星给接回来放在博物馆里，让后辈世人参观瞻仰了！"

东方红一号

1970 年，中国第一颗人造卫星东方红一号成功发射，中国成为世界上第五个使用自制火箭发射国产卫星的国家。

东方红一号的音乐装置

工作任务

东方红一号由长征一号运载火箭发射，除了测量卫星工程参数和空间环境、进行轨道测控外，还要循环播放乐曲《东方红》。

卫星现状

东方红一号设计寿命为 20 天，实际工作了 28 天，电池耗尽后停止发射信号，同时乐曲《东方红》也不再播放，但它依然在轨道上运行。

孙家栋院士

孙家栋是中国科学院院士，东方红一号卫星技术负责人，也是我国人造卫星技术和深空探测技术的开拓者之一。

2016 年，经国务院批准，东方红一号的发射纪念日 4 月 24 日被定为"中国航天日"。

卫星的电能来自何处

——有电才是硬道理

　　福子月和魏星辰总算明白了，退役已久的东方红一号至今仍在绕地球运行，即使没有能量让它工作，它也不会轻易掉下来，可以依靠惯性，继续在太空运行。

　　可是，魏星辰又有了新的问题，既然没有动力也能在天上运行，为什么现在的卫星还要带上长长的太阳翼？不怕增加它们的负担吗？

　　福子月听了魏星辰的疑问哈哈大笑起来："卫星运行时间和工作寿命是两个不同的概念，东方红一号已经完成了自己的任务，所以不需要继续供能了。其他的卫星，就比如说咱们的北斗系列，它们身上都携

带了许多重要的仪器，肩负着各自的任务，要是没有能量提供，它们就成了太空的装饰品，不是浪费人力、财力、物力吗？"

魏星辰恍然大悟："我怎么就没想到！"

此时，福子月也有了一个新思考：太阳翼需要有太阳照射才能起到作用，要是没有太阳照射，那不就停止工作了吗？

当她把这个疑问告诉魏星辰时，魏星辰乐了："要太阳照射才能发挥作用，那就让它一直被太阳照着呗，咱们的羲和号不就是这样一颗卫星？"

福子月想了想，羲和号在太阳同步轨道上，确实时时刻刻都能接受到太阳的照射。可是北斗系统有几十颗卫星，它们又不都是在太阳同步轨道上，为了覆盖全球，它们肯定是分布在太空不同的位置，那就总会有太阳照射不到的地方。

听完福子月的分析，魏星辰也愣了。卫星要运行，能量是少不了的。看来，光靠太阳能还是不够，那还有其他的能量提供吗？

魏星辰急忙跑进书房叫出小征，大着嗓门抢先问道："小征！小征！卫星上的电力是哪里来的？"

"不就是太阳能吗？"小征不假思索地回答。

"要是没有太阳呢？"

"怎么会没有太阳？"小征一头雾水。

福子月扯开魏星辰："小征，是这样的……我们的意思是太阳照射不到卫星的时候，卫星怎么办？总不能从地球上发电传给卫星吧！"

听完福子月的补充，小征明白了："现在大部分卫星都用太阳能电力作为能量，但除此之外，还有其他的方式提供动力。"

小征带着他们又来到了东方红一号边上。茫茫太空中，东方红一号就像一位孤独的旅人，在无垠的太空中流浪。

"东方红一号用的是化学电池中的银锌电池，早期的卫星经常用到。它简单、可靠，但又大又重，不便携带，用完了就没了，只能用于工作寿命较短的卫星和返回式卫星。"

小征回答道："接下来是你们熟悉的卫星，它用的是氢氧燃料电池，也是一种化学电池。"

"这不是嫦娥一号吗？"福子月指着前方的卫星惊讶地问。

"没错，它也是一颗人造卫星，用氢氧燃料作为动力，产生的能量很高。这种电池不足之处是结构有

没有阳光，
没有能量……

点复杂，而且还有一定的危险性。"

想到氢氧混合物爆炸的场景，魏星辰不禁往后缩了缩身子。

"哈哈，真正的嫦娥一号早就成功地'受控撞月'了，你还怕个啥？"福子月不由得乐了。

"哼！"魏星辰脸一红，没有理她。

小征看着他们打闹，然后接着说下去："现在用得最多的也就是太阳能电池，太阳能总量巨大，要长时间工作的卫星普遍都有两片长长的太阳翼，上面贴着数以万计的太阳能电池片，可以持续工作几年、几十年。"

　　但是这就引出了福子月之前的问题了，卫星一旦进入阴影区怎么办？

　　小征给出了答案——还有蓄电池。

　　"蓄电池是银锌电池吗？"魏星辰问。

　　"当然不是，银锌电池是一次性电池，用完就没了。而蓄电池可以多次充电、放电，好的蓄电池组充放电次数可达到数万次，比如氢镍电池和锂电池，与太阳能电池强强联手，卫星才能保持良好运行。"

　　原来，太阳能电池与蓄电池一起组成组合电源系统，能保证卫星连续正常工作。当卫星运行到面向太阳的地方，太阳能电池一边给卫星上的仪器供电，一边向蓄电池充电，把电能储存起来。当卫星飞到阴影区时，就改由蓄电池给它供电了。

　　福子月和魏星辰明白了，卫星上的能量来源主要

是太阳能和蓄电池。小征话锋一转："还有一种能提供能量的电池，被你们忽略了。"

福子月还在思考，魏星辰已经开始央求小征："你就说吧，我不想猜了！"

"哈哈，它就是核动力啊！核电源不受外界条件的限制，寿命长、工作可靠、功率大，可以把热电转换成电能。"

"那咱们的卫星怎么不用？"福子月觉得核电源体积不大，又能长时间工作，简直是最佳的动力来源！

"核电池虽然体积小，但它有辐射，卫星上的仪器设备要用辐射屏蔽措施，反而会增大体积和质量。而且，它价格昂贵，也存在一定风险，所以在卫星上几乎不用，主要用在深空探测器中。"福子月和魏星辰想起来了，美国发射的旅行者1号和旅行者2号探测器用的就是核电池。

一块小小的电池，背后大有学问，真是让福子月和魏星辰大开眼界了！

卫星的太阳能帆板

为了执行任务，卫星需要消耗大量电能。为满足大功率的负载和长期工作，太阳能电池是最合理的选择。

早期航天器上的太阳能电池设置在航天器表面，主要用于很多小型的卫星。

东方红二号的太阳能电池设置在卫星表面

实践二十号卫星进入转移轨道后，两面各打开了一片太阳能板，进入同步轨道后，再各展开5片帆板，总长度超过40米。

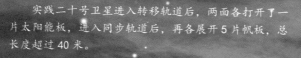

太阳能板

实践二十号卫星重达8吨，是目前我国研制"发射重量最重"的卫星，也是目前中国"技术含量最高"的卫星。

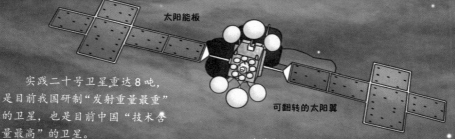

可翻转的太阳翼

随着航天器的发展，电能消耗的增加，发展了可展开的太阳能帆板，卫星入轨前折叠于卫星沿轨道飞行方向两侧，入轨后展开成一个平面。

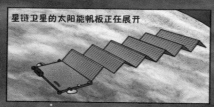

星链卫星的太阳能帆板正在展开

太阳能帆板的展开

太阳能帆板一般由二块到四块组成，发射前折叠后用弹簧压缩，再用火工机构将其锁紧。展开时给火工机构指令，爆炸螺栓引爆炸开锁紧机构，在弹力作用下自动将帆板展开。

人造卫星如何维修

——要"长寿"也不容易

东方红一号卫星只设计了20天的使用寿命，所以使用一次性的化学电池，顺利地完成了自己的任务。可是，那些带有太阳翼的卫星，可以长长久久地工作下去吗？

根据小征的说法，这些接收太阳能的电池板，能用到几年、几十年，那也就是说卫星的寿命也只有那么久？太阳能电池一旦不能正常工作了，卫星的使用寿命就结束了吧！

福子月还在思考这些问题时，魏星辰已经拉着她准备回家。

"等等，我还有个问题问姚老师！"福子月打断了魏星辰。

姚老师站在教室外面的走廊上，温柔地注视着准备回家的同学们。福子月走上前去："姚老师，您那天说的北斗系列卫星，它们能在天上工作多久？"

北斗一号4颗卫星已经退役，北斗二号也有几颗卫星完成任务，让备份星接替了工作。北斗系列卫星的寿命到底有多久，福子月想知道这个答案。

姚老师夸奖福子月爱动脑筋，然后说："人造卫星的寿命是根据它的任务来决定的，所以有些卫星寿命短，有些卫星寿命长。我们的北斗需要工作很长时间，那设计的寿命自然是越长越好。至于具体的使用年限，那就需要一一去查询了。"

"谢谢姚老师！"福子月礼貌地和老师告别，然后拉着魏星辰回了家。姚老师解释得很详细，这引发了福子月的深度思考，她想知道具体的数据——回去问小征，小征肯定会知道的！

叫出小征后，小征的回答跟姚老师差不多："具体问题要具体分析嘛！"

"那北斗卫星呢？"魏星辰眨巴着眼睛问道。

"北斗系统要长期使用，一般情况下北斗卫星的设计寿命是8年，实际可以在轨的时间是10年到12年。你们知道，月球车、火星车，它们的设计寿命不长，而实际使用时间却远远超出了设计寿命，我们的卫星也有这种情况，东方红一号的工作时间不就比设计寿命要长吗？"

福子月想了想，又问："卫星在太空中基本上不会受到外界的影响，它就一直可以正常工作？"

"卫星在太空中一样会受到影响的。"小征说着，就带他们乘上飞船去了太空。

每颗卫星寿命长短不一样。

具体问题具体分析。

天边飞过一颗卫星，但这个距离……离地球是不是近了点？

"这是低空卫星。"小征向他们介绍，"这个高度空气比较稠密，它受到的空气阻力还不小。所以它一直在克服空气阻力，就得耗费能量不断调整姿势，能量的使用就比高空卫星快了很多，使用寿命相对就短了。"

飞船继续向上飞去，又有一颗卫星出现在眼前。

小征指着那颗卫星说："在外太空，面对太阳的一面与背对太阳的一面温差很大，这样的温差甚至会让卫星变形，也会缩短卫星的使用寿命。"

原来在太空中，还是有这么多不确定的因素在影响着卫星的工作。

小征又指着一颗飞过的卫星告诉福子月和魏星辰："这颗卫星，是2009年我国使用长征三号乙发射升空的印度尼西亚通信卫星Palapa—D，它的设计寿命是15年。在发射升空时，第三级火箭出现故障，卫星没能正常入轨，但是最后它以自己的燃料作为动力变轨成功，付出的代价是使用寿命由15年减到了10年。"

"还能这么操作？那它到底算是发射成功还是失利呢？"魏星辰倒是想知道这个结果。

"当然算是发射失利，尽管最后的结果差强人意。"小征说。火箭发射并不是百分百成功的事情，有了失败的教训，才会有更好的改进。

"还有这颗卫星，年代比较久远，它是1988年发射的风云一号A星。"小征指向远处一颗孤零零的卫星。福子月和魏星辰看过去，好像没什么特别。

"它发射时是正常的，也成功进入轨道，但是在运行不久后发现水汽对红外探测器造成污染，同时又遭遇强烈的太阳活动，卫星发生翻转、姿态失控，只正常工作了39天，没有达到预定的工作寿命要求。后来，它携带的仪器虽然可以运转，但主要功能已经丧失。"

"好可惜啊！"福子月不禁为它感到惋惜。

　　"要是能派人来维修就好了！"魏星辰说。

　　"人造卫星在工作时出了故障，一般不会维修，因为成本太高。不过对于一些价值很高的低轨道卫星，进行在轨维修还是挺合算的。"小征的话给福子月和魏星辰带来了希望，魏星辰指着眼前的卫星说："这些出了问题的卫星，都是直接在太空中维修吗？"

　　"有些航天飞机可以把出现故障的卫星'抓'回去，在航天飞机敞开的货舱中就地修理，修好后再送出去继续工作。要不然就是航天员出舱直接修理卫星。如果故障比较严重，不能就地解决，航天飞机还

可以把故障卫星带回地面进行大修。"

"现在哪些卫星是被维修过的？"福子月追问。

"我国还没有维修卫星的记录，但国外有一些成功的卫星维修。著名的哈勃空间望远镜，美国的航天员先后5次乘航天飞船在太空对它进行维修。"小征说着，带着他们看向另一边，"这是发现号航天飞机曾经回收的通信卫星西联星6号，它被运回地面，修好之后改名为亚洲一号通信卫星，由我国的长征三号运载火箭重新发射入轨，为中国及亚洲各国提供通信服务，又在太空'飞'了13年才正式退役。"

"原来亚洲一号是这么来的！"人造卫星的寿命还能用这种方式延长下去，福子月和魏星辰都笑了起来。

人造卫星的维修

航天器的维修大多与它的科学价值及重要性有关。迄今为止，人类对航天器的维护及维修，除了空间站外，只有哈勃空间望远镜和 SMM 探测器（Solar Maximum Mission）。其中 SMM 探测器的维修是人类第一次对一颗处于轨道上运行的卫星进行维修。

"亚特兰蒂斯"号航天飞机乘组对哈勃望远镜进行第 5 次维修

维修哈勃

哈勃发射后它的主镜不正确，造成球面像差，于是先后 5 次由航天飞机载着航天员对其进行在轨调试，并更换相关模块。

哈勃空间望远镜

1990 年发射的位于地球大气层之上的光学望远镜。2021 年 6 月，已经观测宇宙 30 多年的哈勃太空望远镜停止工作。

"挑战者"号航天飞机宇航员正在维修 SMM 探测器

维修 SMM 探测器

SMM 探测器是用来观测太阳活动，特别是太阳耀斑爆发情况的探测器。1980 年它发射升空，10 个月后它的姿态控制系统中保险丝失效，导致它需要依靠磁力发动机维持飞行姿态，1984 年，美国国家航空航天局（NASA）对其进行在轨维修，让它的寿命延长了 5 年。

维修机器人

未来将有可能出现维修机器人，用于卫星维修服务。

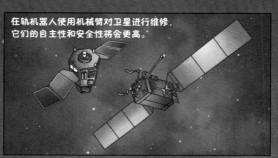

在轨机器人使用机械臂对卫星进行维修，它们的自主性和安全性将会更高。

本体呈圆柱体
直径：2.2 米
高：6.5 米
C 波段转发器：24 个
重：1.25 吨
设计运行寿命：10 年

亚洲一号通信卫星

原为美国的静止轨道通信卫星西联星 6 号，1984 年发射升空但未成功入轨，回收修整后被命名为亚洲一号，1990 年通过长征三号运载火箭发射成功，是我国承揽发射的第一颗国际商业卫星。

退役卫星咋处理
——真的要休息了

随着对人造卫星的了解越来越多，福子月和魏星辰对它越来越感兴趣。就像东方红一号，退役那么多年还在轨道上运行，也让他们惊叹不已。

他们在学校把这些知识跟同学们讲了之后，同学们纷纷表示大开眼界，也更佩服这两个小航天迷！姚老师知道了，在班会上表扬了他们爱学习、爱钻研的精神，还让他们在课外活动时向同学们介绍北斗的相关知识。

课外活动结束后，有位同学提出了难题："子月，你不是说卫星退役后仍旧在轨道上运行吗？"

"没错！"魏星辰抢着回答。

"可要是都这样的话，轨道上的卫星会不会越来越多，多到塞不下来了？"

"这……"魏星辰回答不上来。倒是福子月给他解了围："太空很大很大，轨道也不光一条，再多的卫星，它们也只是在自己轨道上运行，彼此之间互不干扰，所以，退役卫星无论如何也不会多到塞不下，这种担心完全就是多余的！"

等同学走了后，魏星辰问福子月："退役卫星真的就让它一直留在轨道上吗？现在倒没什么，要是过了几百年、几千年，卫星越来越多，那不是会把地球给包围住了？"

其实福子月也觉得自己的说法有些牵强，但她也不知道退役后的卫星去了哪里，如果卫星不会掉落，人工取回来的成本又太高，还能怎么办？

只能找小征了。

"小征，退役的卫星，就永远留在轨道上不回来了吗？"福子月把小征叫了出来。

"怎么了，你还想要让它们回收再利用？"小征笑着打趣了一句。

"不是不是，我们只是在想，卫星完成任务之后留在太空中，那不就成了太空垃圾吗？你以前说过，太空垃圾对环境、对航天事业发展的影响都太大了！"福子月补充道。

"卫星完成任务之后，也有些是可以回来的，那叫返回式卫星。比如卫星携带了太空中完成实验的材料、跟着上天的动物和植物种子等。"小征正说着，魏星辰打断了它的话："还能返回啊，那为什么不把所有卫星都做成返回式的，等到工作任务快结束时就自主返回地球，说不定真能重新利用，不是还能节省一笔费用吗？"

小征苦笑着说："哪有你想得这么简单！"

我也上过天啦！

为了让他们了解得更清楚，小征索性带着他们飞上了太空。

"人造地球卫星在轨道上运行速度是相当快的，它要返回首先就要设置返回程序，然后依照程序调整姿态，脱离原来的运行轨道。这个说起来容易，做起来可不简单，依靠卫星自身还不一定能完成，需要一支小火箭来帮忙助推、控制。"

小征一边介绍，一边把返回式卫星指给福子月和魏星辰，让他们近距离观看。

"返回式卫星在降落过程中，会与大气摩擦，表面产生高温甚至燃烧，这就需要有特殊的耐高温材料；卫星返回地面需要很长的运行区间，必须不间断地对它进行精确测量和全程跟踪，这就需要建立更大范围、更多功能的地面测控网；卫星降落时必须使用减速伞来再次降低速度，这就需要给卫星配备减震装置；掉到地面之后，还需要有能够准确标示自己位置的装备。"

"一颗卫星要返回地球，不但路途遥远，而且身上要带上好多东西，大大增加了它的负担。"

"这么复杂，难怪大多数卫星回不来了。"魏星辰也知道，带太多的东西，不但增加了发射时的重量，在轨运行时也会受到影响。

"我们的北斗不是返回式卫星，那它们工作任务结束之后就会继续留在轨道上？"福子月不失时机地问。

"大多数的卫星，在结束工作任务也就是退役后，都会被烧毁。"小征说。

"烧毁？"福子月和魏星辰的脑子里浮现出一幅卫星在太空中燃烧成一把火炬的图片："不对，太空几乎没有空气，想烧也烧不起来啊！"

"哈哈，我可没说是在太空燃烧。"小征说。原来，它说的"烧毁"是指退役或者报废的卫星减速下降回落地球，在下落的过程中与地球上的大气层剧烈摩擦，产生足够高的温度而被烧蚀殆尽。一些体积很大、不能烧完的卫星，也会事先在地面中心的"指挥"下，受控降落到远离人群和地面重要设施的降落点。

"北斗卫星退役后，也是这样被烧毁了吗？"福子月觉得太残酷了。

"你们来看看！"飞船继续向"上"飞去，越飞越高，福子月和魏星辰突然发现，眼前又出现了一些卫星在轨道上运行。

"这个高度还有卫星？"魏星辰大惑不解，"这里离地球也太远了吧！"

"这里是有名的'墓地轨道'，也叫'坟场轨道'。"小征刚说完，就看到魏星辰往福子月身后缩了缩。显然，"墓地"二字让他有点畏惧。

"这是卫星墓地，安放的是那些退役的卫星，有什么好怕的！"小征看到魏星辰的动作赶忙解释道。

即将退役的卫星，在控制下上升到比地球同步轨道更高的"墓地轨道"，就像东方红一号那样永久停留在轨道上环绕地球，也是一种解决办法。"墓地轨道"相对较高，范围也相对较大，这个轨道上的卫星较为稀疏，不会对在运行中的同步卫星造成影响，就

能保证它们的运行安全。

"我们的北斗卫星，因为自身的轨道就很高了，很难回地球烧毁，所以它们选择的是这种方式，退役后飞到这个轨道上来。"

望着在轨道上静静飞行的、不再工作的卫星，福子月和魏星辰感慨万千。它们都是做出过巨大贡献的"老前辈"，要是在结束工作任务之前能够维修或者回到地球该多好啊！

小征说，随着发射的卫星数量越来越多，退役的卫星不断成为"太空垃圾"。科学家已意识到这个问题，相信在不久的将来，会有更多、更合理的处理方法。

卫星轨道

卫星飞行的水平速度即环绕速度，获得这一水平方向的速度后，不需要动力就可以环绕地球飞行。这时卫星的飞行轨迹叫卫星轨道，按高度可分为低轨道、中轨道、高轨道、地球同步轨道等。

高轨道

距离地球表面 20000 千米以上，一颗卫星的通信信号几乎可以覆盖整个半球，形成一个区域性通信系统，可以为覆盖范围内的任何地点提供服务。

中轨道

距离地球表面 2000 千米到 20000 千米，这里的卫星属于地球非同步卫星，主要作为移动通信系统的补充和扩展，与地面公众网结合实现全球个人移动通信。

地球同步轨道

距地面约 36000 千米，这里卫星的运行周期和地球自转周期相同，位置稳定，每天相同时刻经过地球上相同地点的上空，因此这个轨道附近分布大量的人造卫星。

低轨道

轨道高度在 2000 千米以下的人造地球卫星轨道，低轨道卫星具有信号传输延时短等优点，许多通信卫星采用低轨道。空间站也在低轨道上运行。

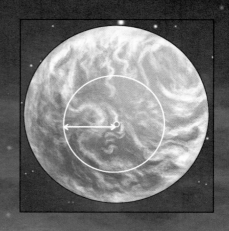

尼莫点

海洋难抵点，位于南太平洋中央，距离最近的陆地有 2688 千米，航线、大洋洋流、海洋生物都不曾光顾这里。

这里是理想的太空坠落点，无论是被丢弃的火箭外壳，还是航天器在大气层中未能完全烧尽的残体，往往会选择在它上方坠落，使这个地方成为地球上的"太空坟场"。

地球静止轨道

它属于地球同步轨道的一种，又称地球静止同步轨道。它是指卫星或人造卫星垂直于地球赤道上方的正圆形地球同步轨道。也就是说，该同步轨道与地球赤道平面之间的倾角为 0°。在这轨道上进行地球环绕运行的卫星或人造卫星，始终位于地球表面的同一位置。

"墓地轨道"

又叫"坟场轨道"，是比近地轨道高近千千米的轨道。国际组织间太空废物协调委员会规定，每颗卫星寿命终结时，应该被推到同步轨道环上空 300 千米处的"坟场轨道"。

中国风云二号卫星装有离轨系统，在废弃后依靠剩余能量进入"坟场轨道"。

太空也有"交通事故"

——别到我的轨道来

了解各种安全处理退役卫星的方法后，福子月和魏星辰总算松了口气，轨道上不会再有那么多的卫星形成拥堵，就意味着可以发射更多的卫星了。

"如果'墓地轨道'的卫星越来越多，我觉得可以考虑开设一条旅游线路，让大家都去参观游览！"魏星辰已经不再害怕，反而脑洞大开。

"然后你负责讲解接待？"福子月接过话头，笑着打趣道。

"这活我可干不来，不过让我驾驶飞船倒是没问题。"魏星辰自信满满，给自己安排了个"好差事"。

"你来驾驶飞船，我还真不敢坐！"福子月笑着说，"万一不小心撞上了卫星，那可就是非同小可的事了。"

"哈哈，太空中那么多卫星都没有相撞，我就驾驶一艘小小的飞船，运气不会这么'好'吧？"魏星辰打着哈哈，他才不相信飞船会和卫星撞在一起，何况飞船又不用他亲自驾驶，他只是想获得"船长"称号罢了。

"卫星……不会相撞？"福子月沉吟了一下，说，"我觉得以后卫星越来越多的话，这个问题还是要未雨绸缪，早点做好准备。现在没有相撞，不代表以后也不会……"

"不会吧，这可是你自己说的，太空很大很大，轨道也不光一条，再多的卫星，它们也只是在自己轨道上运行，彼此互不干扰。你怎么自相矛盾呢！"魏星辰皱了皱眉头。

福子月不予理会："现在是这样，不代表以后也是这样啊！"

两个人各执己见，只好把"裁判权"交给小征。

"卫星在太空中会不会相撞？"小征重复了一遍福子月提出的问题，"这个问题有意思。理论上来说，卫星在太空中被撞是极小的概率，但再小的概率也可能会发生。"

小征没有多说什么，直接带着他们乘坐飞船来到了太空。

眼前，一颗卫星正在轨道上运行，突然另一颗卫星迅速向它靠近，还没等福子月和魏星辰发出惊呼，两颗卫星就已经撞到了一起，崩出了成千上万块碎片，一时间碎片飞得到处都是。

还真撞上去了！

"这，是真的吗？"魏星辰有些不太相信，好端端的卫星飞在空中，怎么会撞到一起去了？不是都有自己的轨道吗？

"虽然卫星相撞是小概率事件，但它确实也是存在的。2009年，俄罗斯已经报废的宇宙-2251卫星就与美国的铱星33在空中相撞，上演了一出太空交通事故。"

正如小征所言，这是个小概率事件，可是还是发生了。"这要是多来几次，哪还敢再发射卫星呀！"福子月还心有余悸。

"现在，发射到太空的各种航天器已经有上万个，其中绝大部分都是卫星。这个数字听上去挺吓人的，其实并没有那么夸张。"

小征说着，飞船已经驶离了这里，福子月和魏星辰看到更多正在运转的卫星。

福子月仔细观察每颗卫星，她发现确实每颗卫星都有自己的轨道，每条轨道几乎都没有重合的，因此也可以说，每颗卫星都很难与其他的卫星撞到一起。

小征告诉他们，任何国家在发射卫星时，都要经过精密的计算，因为每一颗卫星都有自己的轨道，它

只会在自己的轨道内运行，计算的时候只要把其他卫星的运行轨道以及太空中的太空垃圾都算进去，然后综合考量，就能最终确定一个安全的轨道，保证它不会和正在工作的卫星及太空垃圾相撞。外太空的空间十分广阔，现在的卫星数量还是非常安全的，一般来说，只要计算结果是正确的，太空中的卫星就不会出现相撞的情况。

"不过，随着天上的卫星越来越多，轨道的距离也越来越小，这就意味着卫星间的距离也越来越近，相撞的概率就增加了不少。"小征补充了一句，"所以，负责卫星管理的卫星控制中心需要根据地面测控站得到的卫星轨道数据对卫星进行轨道控制。"

"像美国与俄罗斯的卫星相撞事件，就是他们无法追踪到太空中所有卫星的移动方向才导致的。"

福子月也想到了，外太空的卫星轨道又不是一个固定的平面，与地球的道路是完全不同的。至少，从现在的情况来看，还是可以保证卫星在天上的运行安全。

"当然也有例外的情况，有些保密的军用卫星可能并不会公开轨道，万一其他的卫星误入它的轨道，发生碰撞，产生的碎片也会波及周边卫星。"小征想了想，继续跟他们说，"还有就是那些太空垃圾，它们与卫星相撞的可能性，远比正常运行的卫星之间相撞的可能性大多了。"

福子月和魏星辰都知道，太空垃圾的产生目前无法避免，这真是令人头疼的事情。

"那要怎么办才能让卫星避免相撞？"魏星辰问，这也是福子月想要知道的。

"基于目前的科技水平，要彻底避免确实有点难，大一点的太空垃圾还能监测到，小的数量多，速度又快，几乎无法避免。"小征又一次露出了苦笑，"但也不是一点办法都没有。"

"有什么办法？"福子月急切地问。

"哈哈，首先就是加强监测，采用最原始的办法，让卫星机动避开相撞。"

"这都不算办法了，谁都知道要这样，只是卫星越来越多，监测不了怎么办？"

"那就只好把卫星的外壳做得再厚实一些，即使发生碰撞了也能保护自己，至少能减少碎片的产生。"

面对小征的答案，福子月和魏星辰似懂非懂。不过小征继续解释说："你们别笑，还真是这样处理。2021年年底，我们的云海一号02星与俄罗斯的太空碎片发生碰撞，损坏比较严重，大家都以为云海一号02星无法使用要提前退役，没想到它居然恢复正常，继续工作起来。这就是它的产品质量保证了使用寿命！"

"哈哈，中国制造，质量就是有保证！"福子月和魏星辰露出会心的笑容。

云海一号02星

卫星相撞事件

附近同轨卫星受影响

2009 年 2 月 10 日,美国铱星 33 与俄罗斯已报废的宇宙 -2251 卫星在西伯利亚上空相撞,这是有史以来第一次卫星相撞事故。

两星相撞高度:近 800 千米

相撞主角

● 美国铱星 33
1997 年发射,重 560 千克

● 俄罗斯宇宙 -2251 卫星
1993 年发射,重 900 千克

1. 失控
俄罗斯的卫星失去了控制,脱离了原来的轨道。

2. 相撞
俄罗斯卫星与美国卫星铱星 33 相撞,太空中出现两大团碎片云。

产生后果
事故导致卫星服务部分中断,碰撞产生了大量的碎片可能会存留一万年以上,对哈勃太空望远镜和地球观测卫星甚至国际空间站都产生威胁。

"星链"模型

"星链"（Starlink）

美国太空探索技术公司的一个项目，计划在太空搭建由 4.2 万颗左右的卫星组成的"星链"网络提供互联网服务。

"星链"卫星在 2021 年先后两次接近中国空间站，对中国空间站搭载的航天员生命健康构成危险。出于安全考虑，中国空间站两次实施"紧急避碰"。

国际电信联盟（ITU）

主要工作是管理卫星轨道，所有国家要发射卫星都要向该组织发出申请，在批准和管理后才能发射。有了它的管理，卫星之间发生碰撞的概率非常小了。

有大天线的手机

——三颗卫星的功劳

周末，福子月和魏星辰在家做作业，福爸爸坐在沙发上看电视。电视里放的是一部军旅题材的故事片，福爸爸看得津津有味，不时有电视声音传进书房。

做着作业的魏星辰伸了个懒腰，突然听到一段讲"卫星电话"的台词。他顿时来了兴致，毕竟最近这段时间，他们对"卫星"的讨论乐此不疲，感觉生活的方方面面都已离不开卫星。

"卫星电话？是什么玩意儿？"他嘟囔着。

听到他的话，福子月抬起头来不紧不慢地说：

"卫星电话不就是依靠卫星进行通话的电话嘛，这有什么不了解的？"

"那为什么一定要强调卫星呢，普通的电话不就行吗？"魏星辰的脑筋开始转了起来。

福子月想了想，说："这个我倒是知道，卫星电话通话肯定更好，你想啊，地球上那么多角落，只有卫星在天上能一览无余，打到哪里都能保持畅通，是不是这样？"

魏星辰点点头："我觉得也是，只是卫星电话跟普通电话到底有什么区别？"

"跟卫星有关，小征肯定会知道的！"福子月叫出了小征。

"卫星电话嘛，当然是跟卫星有关了。"小征说，"你们没见过很多年前的老式手机，也叫'大哥大'，卫星电话就跟它一样，有一根长长的、粗粗的天线。"

"电话还有天线啊？"魏星辰想象不出来。

只要在通信卫星的覆盖范围内，不论距离远近都可以进行通信。

"因为卫星电话接收的是卫星信号，卫星离地面比较远，天线就要大一些。我们平时用的手机都是依靠地面的基站传输信号的，现在到处都是信号基站，当然不需要大天线来接收信号了。"

小征指着在面前展开的屏幕告诉他们，卫星通信系统是由在空中的通信卫星、在地面的通信地面站和用户端三部分组成。与鹊桥中继卫星的中继服务一样，通信卫星在空中起到中继站的作用，即把地面站发上来的电磁波放大后再返送回另一地面站。只要在它的覆盖范围内，不论距离远近都可以进行通信。地面站是卫星系统与地面公众网的接口，地面用户通过地面站，到卫星系统形成链路，地面站还包括地面卫星控制中心及其跟踪、遥测和指令站。用户端即是包括了卫星电话的各种用户终端。

如果福子月要与美国的朋友通过卫星电话进行联系，那么通信卫星、通信地面站、用户端三部分缺一不可。在卫星通信系统运行时，各地面站均向卫星发送信号，卫星将这些信号混合、处理与交换，然后向地球某一区域或者某些区域分别转发。

"感觉太复杂了！"魏星辰叹了口气，这样还不如直接用我们日常使用的手机嘛，只需要拨几个号码，既简单又省事！

"卫星电话可不是你想的那样，它是通过卫星信号来实现通信功能的，可以实现在任何地点、时间与任何人进行通信的新突破。你们平时打电话，是不是偶尔会有不在服务区的提示？卫星电话就不会出现这样的问题。"小征一口气说了好多。

我们平常使用的手机，要想拥有高质量的信号必须依靠地面基站提供服务，而一颗通信卫星就能覆盖小半个地球。出于成本考虑，普通手机的基站只在人口集中的地方铺设，卫星电话就不用考虑这些问题，海洋、荒漠、山区这些建设难度大的地方，地震、洪水等极端自然灾害情况下，它都能实现及时、无障碍通信，还可以准确定位。

洪水　　地震

火山　　台风

小征还告诉他们，2008年汶川地震，震区地面通信网络全面瘫痪，当时我国没有自己的移动通信卫星系统，在那种紧急情况下，只能租用国外的通信卫星与灾区取得联系、进行抗震救灾。移动通信系统有其设计容量，如果所有资源全部掌握在外国的卫星手上，紧急情况时，我们无法自由实现资源调控。于是，我国开始研制自己的通信卫星了。

小征一边说，一边带着福子月和魏星辰来到了太空。

在他们的面前出现一颗淡蓝色的卫星，长长的太阳翼正在展开。小征指着它说，这就是2016年我们自主研制的首颗卫星移动通信系统天通一号01星，它的轨道高，覆盖面大，信号穿透能力强，具有多项优势。

"这是中国自主研制的卫星移动通信系统，真正实现了自主通信卫星的宽带应用，不论是灾难救援还是旅游科考，通信都有了全新的保障！"小征自豪地说。

"要是打卫星电话到国外去怎么办呢？是不是还要继续发射卫星上天？"福子月在兴奋之余，还不忘思考我国卫星移动通信系统的后续建设工作。

小征笑着说："没错！所以，2020年我们又发射了天通一号02星，2021年发射了天通一号03星，覆盖了中国及周边、中东、非洲等相关地区，以及太平洋、印度洋大部分海域。未来也许还有天通二号、天通三号，覆盖全球就不是问题了！"

"听起来挺厉害的样子，"魏星辰说，"那为什么还不推广，让大家都用上卫星电话？"

"缺点自然也是有的。它不是有根长长的天线嘛，这就影响卫星电话的使用体验。"小征笑着说，"大家普遍使用智能手机，外观越简单越好，这根天线不仅不

美观，也带来操作的不便，就让人喜欢不起来。"

当然，小征说，让它目前无法普及的真正原因，是在近地轨道的通信卫星围绕地球运行时，它的信号容易被高大的建筑物、山体、树木等遮挡，通话过程会出现延时和不通畅的情况，也就是"打得通，听不见"。另外，它的资费比普通通信要贵，这些都导致它当前无法大规模普及开来。

"虽然现在卫星电话的资费贵了一点，但它是安全的保障——要是在通信不良的偏远山区迷了路，它或许就真的是唯一的救命稻草了！"小征说，"而且它在军事方面的作用，更是不可比拟的。"

望着天空中的天通一号，福子月和魏星辰都觉得，要让它再先进一点，让卫星电话更实用、更便捷，那才是自己要为之努力的事情！

天通一号系列

天通一号卫星移动通信系统是中国自主研制的卫星移动通信系统，也是中国空间信息基础设施的重要组成部分。

系统包括空间段、地面段和用户终端，空间段由多颗地球同步轨道移动通信卫星组成。

天通一号 01 星

2016 年 8 月 6 日，天通一号 01 星发射升空，是中国卫星移动通信系统首发星。

首要任务

确保我国遭受严重自然灾害时的应急通信，填补国家民商用自主卫星移动通信服务空白。

2020 年 11 月 12 日，天通一号 02 星被送入预定轨道。

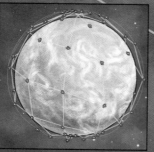

美国的铱星系统因轨道离地面更近，一共需要 66 颗卫星组成网络覆盖全球。

2021 年 1 月 20 日，天通一号 03 星发射升空。

天通一号的信号覆盖是波束形式的，01 星有 109 个波束，相当于从它那里向地面打了 109 个探照灯，探照灯的光圈大小可以调节，根据科学设计只覆盖了中国及周边地区，所以它的覆盖范围不是规则的圆形或者椭圆形。

电视频道为啥这么多

——卫星电视本领强

"妈，妈！别换来换去了，就看这个吧！"吃过晚饭，福爸爸主动去洗碗，福妈妈坐在沙发上打开了电视。

可是，有的频道在唱戏，有的频道在播放电视剧，还有的频道翻来覆去都是那些广告，福妈妈只好"运指如飞"，快速地浏览起每个电视频道的内容来。

这就苦了待在一旁的福子月和魏星辰。他们本来想着看完卫星发射升空的直播，还可以再看一会动画片，可是福妈妈已经"霸占"了电视，让他们无可奈何。

"别急，别急，我看一下就好了。"福妈妈一边说着，眼睛却没有离开面前的全息投影。

"怎么就那么多电视频道，太让人眼花缭乱了！"魏星辰偷偷地说。

"还不是卫星太多了，到处都有卫星电视……卫星电视？"福子月说着，意识到了什么，"这电视也跟卫星有关了吗？"

魏星辰眨巴着眼："卫视卫视，不就是卫星电视嘛！听名字就知道跟卫星有关了。只是，它是怎么做到的？难道是通过卫星制作的电视节目？"

"卫星只能传输信号，哪里能制作什么电视节目？"福子月觉得好笑。

"那你告诉我，卫视到底是什么？"魏星辰不服气。

福子月回答不上来，但不代表她没有办法——小征肯定会知道的！

果然，小征被叫出来后便娓娓道来："卫星电视是地球同步卫星将压缩成数字编码的电视信号传输到

用户端的一种广播电视形式。具体来说，就是通过卫星把地面基站发射的微波信号远距离传输，最终用户使用定向天线，将接收的信号通过解码器解码后输出到电视终端收看的过程。"

这跟其他的电视节目有什么不同？福子月和魏星辰疑惑地想，不都是传输信号过来，然后就能收看节目了吗？

小征告诉他们，现在的电视根据信号传输的不同，大概可以分为卫星电视、有线电视、无线电视、数字电视等几种。与我们刚刚介绍的卫星电视不同，有线电视可以采用邻频传输，能提供更多的频道，无线电视则需要在地面建立电波塔，以无线电波方式播出电视节目，数字电视系统所有的信号传播都是通过由0，1数字串所构成的数流来传播，保证了它的高清晰度，克服了模拟电视的先天不足。

可以说，这几种电视各有优点，也各有不足。相比之下，卫星电视不需要太多中转环节，传送电视图

谁也挡不住我!

像质量好、稳定可靠,尤其不会受高山、大型建筑物阻挡,能很好地消除重影现象。更重要的是它传输容量大,能同时传送多路彩色电视节目。

"传播速度快,图像质量好,收看频道多,而且还便宜,这么好用谁不喜欢?"小征笑着说,"1993年,美国发射直播电视卫星'空中电缆',用户使用30厘米口径的抛物面天线就可以收看108个频道的电视节目。"

这时,魏星辰打了个长长的哈欠:"不就是电视嘛,看什么还不是都一样。"

"那看卫星呢?"小征知道他有点沉不住气了,故意这么说。

"哪里?什么卫星?"魏星辰一下又来了精神,

惹得福子月和小征都笑了起来。

"跟我来吧，我带你们去见识见识！"小征说着，就带他们坐进飞船向太空飞去。

用小征的话说，我国在1986年就发射了第一颗实用广播通信卫星，利用卫星通信传输广播电视节目。但那时信号质量难以保证，覆盖面也狭窄。直到进入20世纪90年代，随着全球数字化、信息化和网络化的发展，卫星数字广播这一高新技术才开始兴起，于是各地的"卫视"纷纷涌现。

"看，那是鑫诺1号卫星！"小征指着前面的一颗卫星说。鑫诺1号（SINOSAT-1）通信卫星是欧洲制造的，1998年由长征三号乙火箭发射成功入轨，以CBTV卫星直播平台而闻名。它的节

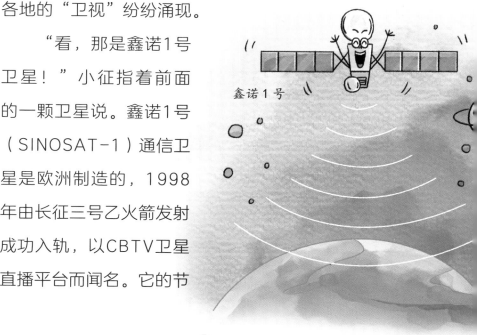

鑫诺1号

目在全国绝大多数地区都可以收看，不仅承担着为我国人民服务的使命，还在亚太地区的通信广播事业中起到重要作用。

鑫诺2号

没有太阳能，啥事都干不了！

因为当时我国的研发实力还不够，只能向欧洲采购。而鑫诺2号这颗具备抗干扰能力的大型通信广播卫星，它完全是由中国自行研制、发射，在2006年10月升空入轨。但是由于定点过程中出现技术故障，导致卫星的太阳翼未能二次展开，卫星无法正常工作，发射失利。

"真是可惜！"福子月觉得十分遗憾，辛苦了这么久却没有成功。

"失败是成功之母嘛！"小征宽慰道，到了2007年，鑫诺3号就成功发射升空，不过这只是一颗中继卫星，负责为有线电视台站中继信号、转播广播电视，用户再从有线电视台接收节目。

"那4号、5号、6号呢，还有其他的吗？"魏星辰顺着数字推理下去。

"4号、5号在研发时，鑫诺卫星通信公司已经并入中国卫星通信集团有限公司，所以卫星分别叫作中星9A、中星10号，鑫诺6号也就是中星6A，在2010年就升空接替了鑫诺3号的工作任务，它的功率更高、容量更大，信号覆盖范围也更广。"

福子月算了下，鑫诺3号只工作了3年？它是退役了还是发生故障？小征告诉她，都不是！

原来，中星6A（鑫诺6号）功能更加强大，更能适应时代的需要，所以才把鑫诺3号（后更名为中星5C）替换下来。

"在2008年北京奥运会之前，还发射过中星9号卫星，它是从国外引进的新一代广播电视直播卫星，信号不必经电视台转送，可以直接到户，就是为了让更多的人能从电视里观看北京奥运会。"

中星9号

　　"更多的人？"魏星辰又不理解了，难道没有卫星电视就看不到了吗？

　　"中星9号定位是'村村通'，主要服务于看不到电视、听不到广播的农村偏远地区。"小征笑着说。

　　"既然卫星电视这么好，为什么只针对农村服务？"魏星辰愈发不明白了。

　　"因为要推动农村偏远地区信息通信基础设施建设呀！"小征说，"以后科技进一步发展了，你们就可以造出城乡兼顾的新一代直播卫星了！"

卫星电视

　　卫星电视是通过通信卫星转发电视节目，系统由通信卫星、地球上行站和地面接收站三部分组成。卫星在太空中把地球上行站发送来的电磁波放大处理后再返送回地面接收站，地面接收站则是卫星系统与地面公众网的接口，地面用户通过接收站与通信卫星组成一个完整连接。

卫星 9 号的优势

稳定传送

　　信号成功传送取决于电离层的状况，电离层的不稳定会干扰波的传送。一般情况下，它的传送都是稳定的。

信号可以直接到户

　　中星 9 号属于直播卫星，不必经电视台再转送，地面只需要一个半米"小锅"就可以接收。

覆盖面积更大

　　卫星投入使用后不仅增加传输容量，提高了节目收视质量，而且大大提高中国广播电视覆盖率，有效解决中国广大农村地区收听收看广播电视的问题。

　　地面接收部分由天线（大锅）高频头和卫星接收机等组成。

中星 9 号

转发地面接收站

转发接收站

高楼接收站

集体接收

鑫诺卫星（Sinosat）

鑫诺卫星是大容量通信卫星，主要覆盖中国国内及周边国家和地区，地面测控站由国内自行设计和研制，卫星控制软件全部由国内编制。鑫诺 1 号由欧洲制造，2009 年鑫诺卫星通信公司整体并入中国卫星通信集团有限公司。

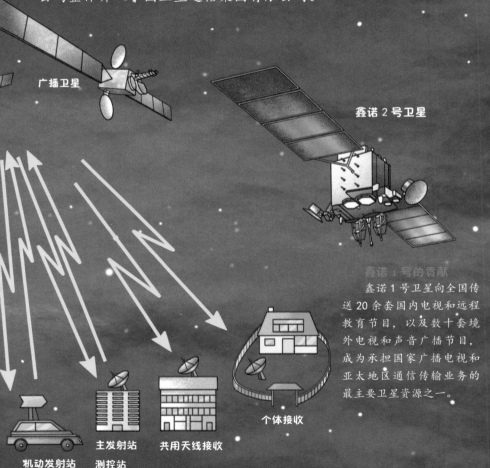

广播卫星

鑫诺 2 号卫星

鑫诺 1 号的贡献

鑫诺 1 号卫星向全国传送 20 余套国内电视和远程教育节目，以及数十套境外电视和声音广播节目，成为承担国家广播电视和亚太地区通信传输业务的最主要卫星资源之一。

个体接收

机动发射站

主发射站
测控站

共用天线接收

如何预测天气
——天气变化被盯住了

魏星辰明天要参加足球比赛，福子月和他在做赛前准备。

"……你拿到球有机会就迅速插上，不要黏球，及时把球分出来……"这是福子月的声音。

"知道啦，知道啦，又不是第一次打比赛了，你还这么不相信我的技术？"魏星辰有点不耐烦。

"不是不相信你，只是多提醒下总是好的。明天天气要是和今天一样就好了，不太热，有点风……"

"子月，你明天记得带伞啊！"福子月话还没说完，就听到福爸爸在叫她，"刚刚天气预报说，明天会下雨！"

"好！"福子月干脆地应了一声，转眼看到魏星辰一脸失落的模样："明天下雨，那是不是又得打水战了！"

"水战就水战呗，难道我们还会输不成？"福子月说。她非常乐观，相信魏星辰在比赛中能进球！

"可是……这天气预报到底准不准？"魏星辰还是觉得心里没底。

"不要过于担心，兵来将挡，水来土掩，有啥好怕的。"福子月给魏星辰打气。

"我才不是怕呢！"魏星辰反驳道，"我只是觉得要提前做好准备。下雨打水战，我们难，对手不是也一样难吗？说不定他们才怕了呢！"

"可是……"福子月说不出话来。

"别可是了，来吧！"魏星辰拉着福子月，急不可耐地来到书房，他们叫出了小征。

"小征，我想问问，天气预报准吗？经常听到天气预报说卫星云图，它也跟卫星有关？"说话的是魏星辰。

"你们知道气象卫星吧，它是从太空对地球及其大气层进行气象观测的人造地球卫星，也是世界上应用最广的卫星之一。你说的天气预报，就是气象卫星的一大功劳。"小征说。

"有那么神奇吗？"魏星辰问。

光说没什么用，小征把他们带上飞船，直接去看吧！

在飞船上小征告诉福子月和魏星辰，气象卫星轨道有高有低，可以短周期重复观测，而且成像面积大，有利于获得宏观同步信息，减少数据处理容量，资料来源连续、实时性强、成本低。所以，气象卫星一直用于监测天气系统，为研究气候变化提供大量的

卫星云图是天气预报重要的数据来源，气象卫星从太空不同的位置对地球表面进行拍摄，将观测数据传回地面工作站，工作人员通过计算机处理数据后合成云图，帮助天气预测。

捕风一号 A 星

基础资料，还能为空间飞行提供了大量的环境监测结果。

除了探测海面风速的"捕风家族"，我国最有名的就是"风云家族"了。现在有70多个国家和地区接收与利用风云卫星资料，风云系列卫星已经被世界气象组织纳入全球业务应用气象卫星序列，是东半球气象预报的主力。

福子月和魏星辰赞叹不已，飞船不知不觉停在一颗卫星的旁边。

"这就是著名的风云一号。"这是1988年中国发射的第一颗气象卫星，它在太阳同步轨道上运行，由于星上元件发生故障，它只工作了39天。随后，1990年发射升空的风云一号B星控制系统就有了大大的改善，但同样因为故障，没有达到设计使用寿命要求。

直到1999年发射升空的风云一号C星，因其在轨运行的稳定性和获取数据的准确性，被世界气象组织正式纳入世界业务极轨气象卫星序列，揭开了我国气象卫星事业上新的一页。还有2002年发射升空的风云一号D星，它们都超期服役很多年，超额完成工作任务，现在都已经退役。

伴着小征的讲解，望着眼前飞过的一颗颗曾经为气象观测做出过重大贡献的卫星，福子月和魏星辰已经目不暇接了："风云家族还有其他的卫星吗？"

"别急，这还是风云一号的4颗卫星，风云二号还有8颗。"小征笑着说，"总不能在风云一号退役后，还没有接班人吧！"

小征告诉他们，风云二号是静止气象卫星，有2颗试验卫星和6颗业务卫星，从1997年第一颗到2018年最后一颗发射成功，历时21年。风云二号每15分钟进行1次全球观测、每6分钟进行1次区域观测，为中国和世界气候监测及天气预报提供实时动态资料，"天气预报的准确率可以达到90%！"小征补充道。

"这么高呀！可我们为什么有时还会觉得天气预报并不一定准确呢？"福子月有些疑惑。

"哈哈，天气预报是预测科学，本身就有一定的不确定性，另外监测网点也没有精准覆盖到每个区域，它只是概率预报，比如受到地形等因素的影响，

产生误差的可能性就会增大。"小征耐心地解释。

"那还有风云三号吗?"魏星辰意犹未尽。

"有,不但有风云三号,还有风云四号呢!"小征指向前方。

"风云三号从2008年开始发射第一颗卫星,它主要的任务就是天气预报,尤其是中期数值也就是4天到10天的天气预报,能提供全球的温、湿、云辐射等气象参数。在发射了第五颗后,就不再受白天黑夜的限制,也不受天气状况的影响,可以在任何条件下工

白天黑夜,我们全都在线,
提供 24 小时天气预报服务。

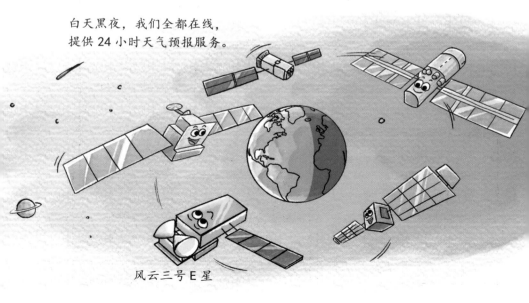

风云三号 E 星

作，提供24小时的观测服务。"

这就是中国速度，从无到有，从小到大，从点到面，福子月和魏星辰都激动得说不出话来。

"还有风云四号，它基本上取代了风云二号卫星，提升我国静止轨道气象卫星探测水平。"小征又指着飞船外面，"2016年发射第一颗后，它同样不间断地发射卫星上天。2021年，风云气象卫星家族新增风云四号02星和风云三号05星两名成员，还入选了2021年中国十大天气气候事件！"

"真没想到，我们除了有举世瞩目的北斗，还有这么伟大的风云。"魏星辰兴奋地说，"我想我们的生活会越来越便利！"

"那明天的足球赛……"福子月笑着看向他。

"做好准备，打水战！"

风云气象卫星

中国从 1977 年开始研制气象卫星，1988 年、1990 年和 1999 年先后发射了 3 颗第一代极轨气象卫星。

风云气象卫星实时向国内外用户免费开放数据，提供气象预报、自然灾害应对和生态环境治理，风云气象卫星"朋友圈"已增至 121 个国家和地区。

电离层光度计

微波温度计Ⅱ型

中分辨率光谱成像仪Ⅱ型

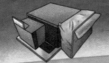

红外高光谱大气探测仪

广角极光成像仪

GNSS 掩星大气探测仪

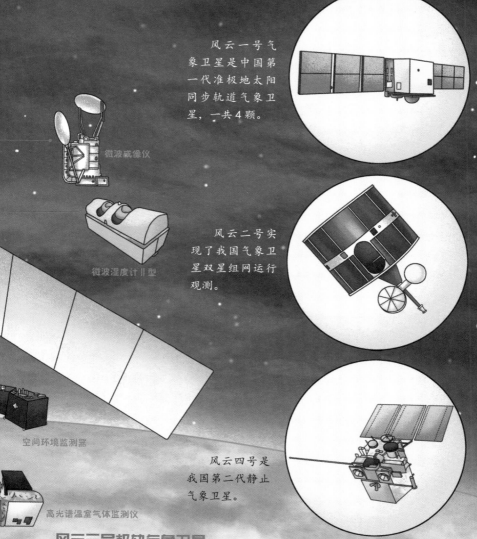

风云一号气象卫星是中国第一代准极地太阳同步轨道气象卫星，一共4颗。

风云二号实现了我国气象卫星双星组网运行观测。

微波成像仪

微波湿度计Ⅱ型

空间环境监测器

高光谱温室气体监测仪

风云四号是我国第二代静止气象卫星。

风云三号极轨气象卫星

2021年7月，风云三号E星成功发射。作为世界首颗民用晨昏轨道气象卫星，它填补了国际晨昏轨道气象卫星技术空白，被誉为开启新征程的"黎明星"。

最佳保密方法

——两个光子当密钥

福子月和魏星辰的课后作业是观看红色影片并写出观后感。

电影里面有个情节是地下工作者破获了敌人的电台信号，获得了非常重要的情报，从而避免了组织的损失，并且赢得了最后的胜利。

看完后，魏星辰疑惑地问："这些电台信号也能被截获？"

"那当然，"福子月知道的不少，"电台是通过无线电波来传输信号，不是一对一，而是一对多。只要你调对了频率，就能收到这些信号。问题是这些信号很多都用了密码，你即使收到了也不一定能够破译出里面的内容。"

"那……卫星传输的也是无线电波吧，它不也是向所有人一起传输的吗？如果一个人用卫星电话时，其他人也能听到他们对话的内容？"魏星辰觉得这就跟电话串线的情况一样。可是，卫星电话不是保密性能很高吗？

福子月愣了一下，魏星辰又说："再说那些军用卫星，它们传输的信号如果被别人截获了，那不是更危险吗？"

话是这么说，但事实肯定不会是这样的。福子月沉思了一会没想明白，就把问题交给了小征——

"小征，卫星通信到底能不能保密？"叫出小征后，福子月开门见山地问。

"卫星通信一样要有加密频道，才能起到保密作用。"小征简单地回答。

"那军用的呢？也是这样吗？"魏星辰问。

"军用的加密的级别更高，即使被截获也很难破译出来。"

"也就是说，通过卫星传输的信号，还是有可能被拦截的？"福子月皱起了眉头。

小征明白了，于是笑着对他们说："来吧，带你们看个好东西！"

飞船进入太空后，福子月和魏星辰又开始兴奋起来。眼前这颗卫星看上去毫不起眼，小征告诉他们，这是2016年我国自主研制的世界首颗空间量子科学实验卫星，叫墨子号。

"墨子，就是那个古代的科学家，发现了小孔成像原理的？"福子月说。

"是他。小孔成像揭示了光是沿着直线传播的，这是光学中非常重要的一条原理。被誉为'科圣'的墨子为世界科技萌芽作出卓越贡献，这颗太空中最耀眼的科学之星——量子卫星，因此得名。"小征笑着回答。

"那量子又是什么？"魏星辰满脸疑惑，福子月

用一个带有小孔的板遮挡在墙体与物之间，墙体上会形成物的倒影，我们把这个现象叫"小孔成像"。如果前后移动中间的板，墙体上像的大小也会随之发生变化，这种现象说明了光沿直线传播的性质。

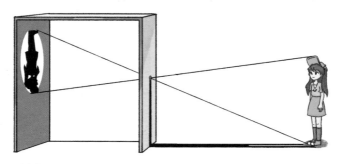

也期待地看着小征。

"量子……不是什么东西……"小征说完也觉得这句话有点怪异，只好接着说下去，"空间里有一个粒子，在经典世界里，这个粒子的位置、状态都很明确，有迹可循。可是，在量子世界就不一样了，因为量子世界的不确定性，所以这个粒子的位置、状态始终都是在变化，并且这个变化还是随机的，无法预知和判断。量子可能是光子、原子、电子、夸克等各种微观粒子。"

它又补充了一句："打个比方，我们看到的灯、太阳是一个整体的亮度，如果把这样的能量细分，分

到最后无法再分割的时候，
就是一个光子。一个不可分
割光子，就是一个量子。"

这是我能量
的最小值。

量子

　　福子月和魏星辰虽然全
神贯注，但还是很难理解小
征所说的。于是魏星辰问了
起来："这个跟卫星有什么
关系？跟保密又有什么关系？"

　　小征说："你们看，这颗墨子号卫星就是量子科
学实验卫星，它就是用了量子通信技术，来实现保密
通信。"

　　"量子……保密……我还是不明白。"魏星辰有
点泄气。

　　"这么说吧，两个纠缠着的光子，被拆散后无论
相距多远，一个状态发生变化，另一个会立即发生相
应变化，我们把这对具有不受距离限制关联的光子的
状态，称为量子纠缠。它可以存在于电子之间，也可

以存在于光子或其他粒子之间。2017年6月16日，量子科学实验卫星墨子号首先成功实现该理论，两个处于纠缠态的光子被分别发送到相距超过1200千米的距离后，仍可继续保持其量子纠缠的状态。如果子月要通过墨子号向星辰发送命令，墨子号便将多组纠缠态光子拆开，分别发送给你们。观测之前，你们并不能确定光子的状态，就像一枚旋转的硬币，只有在停下的那一刻，我们才知道究竟哪一面朝上。子月收到这些光子后，当观测行为发生时，我们才能确定其状态，同时发射给星辰的光子也会产生相应的变化，两者间建立了一种完美的关联。把这些光子的形态按照固定顺序记录下来，就变成了一组密钥。当星辰拿到了解码的密钥，就能够顺利解密子月发送的信息。"小征一边说，一边展开面前的屏幕演示起来。

"那要是这些密钥也被第三方破译了呢？"福子月想了想又问。

"世界上就算有两片一模一样的树叶，也绝对

没有第三个一模一样的光子。只有你们两个知道目标光子的状态，其他人没有办法完美克隆出目标光子状态。不完美克隆倒是可以——然而并没有什么用，因为复原出来的密钥早已经千差万别了。"小征这个解释还是容易明白。

小征接着说了下去："子月触摸了光子，改变了它的状态并记录下来。谁要是再摸，很大可能状态又变了。如果第三方想要截取密钥，必须先截获光子，这样光子就发生了变化。所以星辰要么没收到光子，要么收到光子后去跟子月对照，如果发现形态不一样，就明白是有人拦截了。这没关系，你们发现密钥失守，这条命令就不发了，请墨子号再发一个新的密钥，确认没问题再传递信息。"

福子月又想了一会，说："就算有人能截获光子，也只能说拿到了钥匙，但打开锁什么都没有。这样就能保密下去了，对吗？"

"没错！"小征给她竖起了大拇指，"这就是墨子号最大的作用。"

　　望着貌不惊人的墨子号，福子月和魏星辰别提有多自豪："这是咱中国自己做出来的，真带劲！"

今天我可以上场吗？

墨子号

天气不好，不行。

　　"小征，你说光子被拆散后，无论距离多远都会同步变化，那也就是说以后咱们的航天也可以用到它的量子通信技术了？"福子月高兴地问，"那以后去月球、去火星，甚至更远的地方，都简单多了吧！"

　　"哈哈，你说的是理想状态。墨子号只是科学实验卫星，它已经验证了这种技术的可行性，后续还有更多的工作需要完成。墨子号目前只能在晚上工作，大雾、多云等恶劣天气情况下工作也会受到影响，全天时、全天候工作还需进一步研究。"小征说，"未来是星辰大海，我们一起加油吧！"

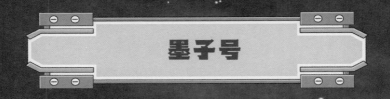

墨子号

2016年8月，我国自主研制的世界上首颗空间量子科学实验卫星——墨子号发射升空，在国际上率先实现千千米级量子纠缠分发。

通过墨子号量子科学实验卫星向地面发射光子。

工作任务

建立卫星与地面远距离量子科学实验平台，完成空间大尺度量子科学实验。

每对处于纠缠状态的光子中的一个发向青海德令哈地面站，另一个发向云南丽江站。

量子纠缠

奇特的量子力学现象，两个处于纠缠状态的光子无论相隔多远，一个光子状态变化，另一个也会改变。爱因斯坦称之为"鬼魅般的远距作用"。

青海德令哈地面站

云南丽江站

两个地面站之间的距离达到1200千米。

量子纠缠分发

将一对有感应的光子分置两地，特别适用于保密通信。

如何探寻暗物质
——"齐天大圣"显神通

"真黑，什么都看不见！"魏星辰有点害怕。

他和福子月一起来玩密室逃脱游戏。本来那些推理就很有难度，又在这样黑暗的环境下进行，魏星辰只能跟着福子月慢慢向前探索着。

经过一番艰难的探寻和摸索，他们两个终于成功地走了出来。福子月长长地舒了口气："挺刺激的，真好玩！"

魏星辰却说："有什么好玩的，我一个人的话根本就走不出来，这也太暗了吧！"

"再暗也没有暗物质那么暗啊！"福子月说。

暗物质的发现

恒星的转动轨迹说明银河系应该更重一些才对。

1932年，奥尔特根据银河系恒星的运动提出银河系应该有更多的质量。

为什么两种不同的方法计算出的后发座星团的质量如此不同？

1933年，弗里茨·兹威基在研究后发座星团时，推断它的内部有看不见的质量。

为什么星系中从里到外的恒星速度没有太大的不同？

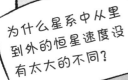

星系团 1E 0657-558

星系的中心和边缘的质量不同，质量和速度有着直接的关系，如果星系内外部恒星的速度没有太大的不同，说明宇宙中存在着许多我们看不见的质量。

钱德拉X射线望远镜观测到星系团的蓝色区域并不发出可见光，这是暗物质存在的直接证据。

"暗物质？那是什么？"魏星辰听不懂了。

"暗物质……就是很暗很暗的东西，暗到咱们都看不到摸不着了。"福子月解释道。

对这个解释魏星辰并不满意："哪有这样的物质，除非是宇宙深处，没有阳光照射的地方——那也不是暗物质，是暗环境吧？"

这下，福子月也答不上来了。不过不要紧，还有小征呢！

于是她拉着魏星辰一边走一边说："去问问小征，它准知道！"

叫出小征后，福子月把刚刚的问题抛了出来："小征，暗物质是什么？真的看不见摸不着吗？"

小征告诉他们，暗物质是天体之间可能存在的不可见物质。太空中有很多疑似违反牛顿万有引力的现象存在，所以科学家们认为有一种看不见的物质在产生影响。由于大家都不了解暗物质，只好称它们"暗"，它不反射光，又没有电荷，也不与其他的普通物质发生反应，只能通过引力来感觉它的存在。

"既然是看不见的东西，那怎么能发现它、知道它是一种物质？"福子月问。

"这还用说，空气不也是看不见摸不着的，不是一样存在吗？"魏星辰抢着回答。

"暗物质跟空气可不一样。通过检测、分析，我们还能知道空气的组成，而暗物质，直到现在还没有直接探测到，只不过有证据证明它们大量存在于宇宙中，说不定比我们身边常见的物质还要多好多倍。"小征笑着说。

"有什么证据？"魏星辰犯迷糊了。

"来吧！"小征直接把他们带上飞船，向着"天外"飞去。

难道要去外太空找寻暗物质？不是说暗物质还没有直接探测到，那又该怎么去"看"呢？

正当福子月和魏星辰嘀咕着的时候，飞船已经到了一颗卫星旁边。

"看，它就是咱们发射的悟空号，第一颗暗物质粒子探测卫星。"小征指着卫星告诉他们。

"探测暗物质？"福子月有点不明白。

"悟空？那它一定神通广大！"魏星辰却有点兴奋。

"它有能够'看'到暗物质的火眼金睛，当然就叫悟空了！"小征笑着打趣了一句，接着解释，"暗物质的探测有三种方式，一是直接探测，要是暗物质是由微观粒子构成的，当粒子撞击探测器物质中的原子核，探测器就能检测到原子核能量发生变化，通过分析撞击的性质就能了解暗物质属性。只是，暗物质被探测器捕捉到的概率微乎其微。"

"悟空号不是这样探测的吧？"福子月试探着问。

"确实不是，这种探测方式大都是在地面以下的实验室里进行，我国2010年就建成了这种实验室。咱

地下实验室好大。

能抓到多少暗物质？

们的悟空号用了第二种方式，也就是间接探测。"小征说。

这种方式是直接收集或观测宇宙线，宇宙线是来自外太空的高能粒子，包括各种原子核、电子、高能伽马射线和中微子等。通过分析它们的数量和能谱，提取出宇宙中暗物质的信息。只是宇宙中还存在着很多并非由暗物质产生的高能射线源，要从中筛选甄别暗物质难度也不小。

"咱们的悟空虽然没有金箍棒，却带了300多根能够测量入射粒子能量的'水晶棒'，其测量范围非常大，分辨率也高，能够区分电子和质子。这些高科技让它成为暗物质探测卫星中的佼佼者！"小征十分自豪。

至于第三种方式，那就是用对撞机在实验室产生暗物质粒子。如果对撞检测到总能量和动量出现丢失，就是产生了不可见粒子的一个特征。然后还是需要通过直接或间接的探测手段，帮助确定对撞机中产生的粒子是否为暗物质粒子。

有可能是暗物质！

"好复杂！悟空号找到暗物质了没有？"魏星辰听了这么多的讲解，摇了摇昏沉的脑袋，他只想知道结果。

"悟空号是2015年发射升空的，本来计划服役三年，后来多次延长使用寿命。它已经帮助科学家收集到几百亿个源于宇宙中粒子的数据，这些数据的分析有可能找到暗物质存在的线索。"

"也就是说，它还没有真正探测到暗物质？"福子月有些失望。

小征说，悟空号的发现能帮助人类了解宇宙射线的基本情况，科学家可以直接锁定宇宙射线的来源，从而找到宇宙射线的准确方向，这样就能够揭示源头的具体情况，为以后发现暗物质打下坚实基础。

"可是，我还是不明白，找到暗物质又能做什么？"魏星辰来了这么一句。

"找到暗物质，我们就能弄清宇宙形成的原因啊！科学家们推断，暗物质很可能成为高效能源，要是把这些能源用于航天，咱们航天事业的发展，是不是就大大进步了？"

对啊，无处不在的能量，而且取之不尽、用之不竭，要是能利用起来，无论是对航天还是其他事业来讲，那真是一大福音。

"努力吧，少年们！航天攻关任重道远，早日解开暗物质谜团，让我们的事业更上一层楼！"

悟空号

2015 年 12 月，中国科学卫星系列首发星——暗物质粒子探测卫星悟空号发射升空，顺利进入预定转移轨道。

悟空号是世界上观测能段范围最宽、能量分辨率最优的暗物质粒子探测卫星，超过国际上所有同类探测器。

工作任务

在太空中开展高能电子及高能伽马射线探测任务，探寻暗物质存在的证据，研究暗物质特性与空间分布规律。

暗物质粒子

具有电中性、大质量（比质子重许多）、长寿命，具有正常引力相互作用。暗物质粒子没有电磁相互作用和强相互作用，但可能具有弱相互作用。

大型粒子对撞机

用来寻找暗物质的大型仪器。自 20 世纪 60 年代粒子对撞机被发明以来，粒子对撞机成为人类研究宇宙万物基本单位——微观粒子最为重要的工具。

首次出手

2016 年 12 月，悟空号频繁记录到来自超大质量黑洞 CTA 102 的伽马射线爆发。这是暗物质卫星科研团队自卫星上天后首次发布观测成果，是"悟空"抓获的第一个"小妖"。

●塑闪阵列探测器
●硅阵列探测器
●BGO 量能器
●中子探测器

再立新功

2021 年 5 月，悟空号绘出迄今最精确的高能氦原子核宇宙射线能谱并发现能谱新结构。

"悟空"是《西游记》中齐天大圣的名字，"悟"有领悟的意思，"悟空"有领悟、探索太空之意；另一方面，"悟空"的火眼金睛，可以在茫茫太空中寻觅暗物质的踪影。

地震真的能预测吗

——收集数据的"独臂侠"

　　室内吊灯剧烈摆动，门窗作响，器皿倾倒……尽管是虚拟的场景，还是十分震撼。福子月和魏星辰跟其他同学一样，在摇晃的地面上有些慌张，但大家并没有惊慌失措，而是在老师的指引下，有条不紊地向出口"逃生"。

　　这是发生在科学馆的地震体验区里的一幕。姚老师带领同学们来到这里，了解地震类型及成因，体验"地震逃生"，还学习了许多防震减灾和抗震救灾的知识。

　　回到福子月家里，魏星辰还心有余悸："这地震也太恐怖了，我站都站不稳。"

福子月也感叹道："地震带来的灾难太大了！要是能像天气预报那样，提前预报地震的到来，能减少多少损失啊！"

魏星辰一听，不由问道："咱们科技都这么发达了，还不能预报地震吗？"

"暂时还不能。"福子月无奈地说，"全世界都还没有这个本事。"

"那可不一定！"说话的是福妈妈，她刚刚下班回家，听到福子月的话便接了过来。

"妈妈！"福子月抬起头来，"您的意思是，现在可以预报地震了？"

福妈妈温和地说："地震预报确实是世界级的难题，至今还没有被攻克。可是，这不代表科学家们没有努力，比如说——"福妈妈顿了顿，手指了指天上，"比如说卫星，也在为地震的预警工作贡献力量……"

这时，福妈妈的电话响了："……这样啊，好的，我马上过来。"挂了电话后，她抱歉地对福子月说："我得赶紧回一趟单位，有些事情要处理，下次再跟你们讲吧！"

这样的情况，福子月和魏星辰早就习以为常。不是还有小征吗？福妈妈说到卫星，那小征一定知道！

果然，叫出小征后，小征对他们的问题十分了解："福妈妈说的应该是张衡一号卫星！"

"张衡一号？"福子月一听，"张衡，就是发明地动仪并改造浑天仪的古代科学家，难怪让他来观测地震！"

魏星辰也说："地动仪，就是那个发生地震时就会有珠子从龙嘴里掉下来的仪器吧，它到底是怎么观测到地震的？张衡一号在天上，又是怎么观测地面的震动？"

小征笑着说："古人的智慧太高，利用地震仪，不仅可以知道有没有发生地震，而且可以测出地震的大小和发生的大致方位，但是张衡一号与地动仪的工作原理并不相同。"

福子月和魏星辰又不明白了。福妈妈不是说它也为地震相关工作贡献力量吗,那它是如何工作的?

小征继续解释起来:"我们地球上地震常发,大地震不多且大多发生在一些人烟稀少的地方,比如青藏高原。预报地震需要大地震震例,科学家需要有大量的资料来支撑科学研究,那就只好从天上进行观测,尤其要观测那些荒无人烟的地方发生的地震,为地震的预报积累资料。"

原来是这么回事,可是从天上能看到地震吗?

小征发现三言两语讲不清楚,就带着福子月和魏星辰上了飞船,向着太空飞去。

只见一颗奇怪的卫星出现在眼前,与大多数卫星不同,四四方方的身体上只有一侧伸着长长的太阳翼,而其他地方一共伸出六根长长的天线。

小征指着它说:"这个就是张衡一号,号称有三头六臂。"

福子月仔细看了看,问道:"你不说的话,我还以为它是独臂侠呢。这六根天线应该就是它的六臂，可它的三头又在哪里？"

当人们说电磁场时，通常说的是地球磁场，它是环绕在地球周围的一层保护层。

"哈哈，它的三头，指的是它携带了三类有效载荷，分别用于探测电磁场、探测等离子体和探测高能粒子。"小征笑着

地球磁场能够改变电粒子流的方向，使它们沿磁力线向两极运动，使生物免受高速太阳风的辐射与伤害，为地球提供一个无形的屏障。

说，"科学家发现，每次在大地震来临前，地球电磁场都会发生一定的变化，张衡一号就通过监测地球电磁场的变化，为地震监测研究提供科学依据。"

小征告诉他们，在卫星运行的高空中同样存在着电磁场，张衡一号先要把磁场探测器安装到天线顶部，尽可能减少磁场干扰量，还要减少磁性材料的使用，在出厂前开展复杂的磁试验。这一方面"消

我会在地震前发生变化，一般仪器可检测不到我。

磁"，另一方面又要"找磁"，它携带的高精度磁强计十分灵敏，可以分辨出背景磁场的信号，就相当于分辨一只蚊子落在人身上产生的重量。

"所以，它监测地震主要就是依靠探测电磁场吧？"福子月思索着。

"没错，张衡一号的全名就叫张衡一号电磁监测试验卫星，可以对全球7级、中国6级以上地震电磁信息进行分析研究。"小征的话语中透露着自豪。

"它收集到了哪些地震？分析出了什么结果？"魏星辰好奇地问。

"张衡一号是2018年2月2日发射的，2月13日正式工作，3天后就收集到了墨西哥7.1级地震的资料，后来8月份印度尼西亚的两次地震也被它记录下来。至于你说的分析出了什么结果，科学家们也只能在这些观测基础上，对数据做出统计分析。只有通过大量的震例，得出统计特征，才能获知它到底是怎么变化的，然后找出其中的规律。"

"它只是为收集地震数据而工作？"魏星辰又问。

"当然不是，"小征笑着说，"它还有一个同样很厉害的地方，就是导航。"

卫星能导航这并不是什么独特的本领，尤其是我们有了更厉害的北斗，张衡一号似乎没什么优势。然而小征接下来的话又让福子月和魏星辰感受到张衡一号的魅力："你们知道GPS导航精度很高，但是有些时候GPS是会受影响的，因为它必须实时。在没有GPS的时候，地磁同样可以用于导航，它可能不太精确，但是相对可靠。"

"真厉害，咱中国的科学家太了不起了！"福子月发出由衷的感叹。

张衡一号已经是在超期服役了，"张衡二号"的问世，也许就在不久的将来吧？

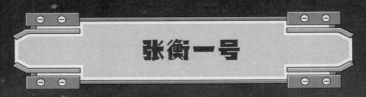

张衡一号

2018 年 2 月，张衡一号电磁监测试验卫星发射升空。它是中国研制的国家民用航天科研试验卫星，也是中国地球物理场探测卫星计划的首发星。

单太阳翼

装载 6 根"触角"，展开后近 5 米，收拢时仅有手掌大小。

搭载了意大利提供的高能粒子探测器和奥地利提供的绝对磁场校准装置。

采用 ＣＡＳＴ 2000 通用小卫星平台

工作任务

张衡一号开展全球空间电磁场等物理现象监测，为地震机理研究、空间环境监测和地球系统科学研究提供新的技术手段。

理论上每年可以收集到全球十几次 7 级以上地震和 150 次左右 6 级地震，监测 1 年的信息量相当于以往 20 多年地面监测。

卫星信号接收器

地震空间电磁扰动

监测范围

　　每 5 天实现对地球上同一地点的重访，重点观测区域覆盖我国陆地全境和陆地周边约 1000 千米区域以及全球两个主要地震带。

电磁变化

　　一些大地震前可观测到电离层扰动和电磁异常现象。张衡一号就是负责搜集震前短期、临震期释放到空中的电场、磁场、高能粒子、等离子体等变化数据。

1951 年，科技史专家王振铎根据史书记载对地动仪进行了复原。

张衡与候风地动仪

　　我国处于两大地震带之间，自古以来就对地震研究十分重视。东汉时科学家张衡发明了候风地动仪，是世界上的第一架地动仪，据说能准确预报地震方位。

是否存在"全能卫星"
——各个领域都精通

　　自从参观了张衡一号，福子月一直在想一个问题：卫星通信到底会不会受到限制，会不会被影响？

　　用小征的话说，连GPS都会有受到干扰的时候，那就更别说其他的通信卫星了。要是使用张衡一号那种地磁导航，它的定位又不太精准，同样会让人觉得很不方便。

　　咱们中国那么大，偏僻的地方自然也不少，尤其是那些优美的风景往往都在山区密林，没有建设太多信号塔，游人到了这些地方，别说上网，就连使用手机通话都是一件奢侈的事情——信号太弱，无可奈何！

魏星辰知道了福子月的担忧后，开导起她来："你想太多啦！我觉得吧，科学越来越发达，总会有解决的办法。阿姨不是说过，她小时候连手机都没见过，现在你看看，'北斗''风云''墨子''悟空'，一个个都牛得不行！"

福子月被魏星辰的话逗乐了："也对，我只是太心急了点，总想着能够一次就把所有的问题都解决了才好。"

"嘿嘿，你又不是超人，哪能解决所有的问题？要是有解决不了的就来找我，要是我还解决不了——那就去找小征！"在福子月看来，魏星辰真爱吹牛！

不过这倒是提醒了福子月，去问问小征，确实是个好办法。

小征被叫出来后，魏星辰抢着问它："小征，有没有这样一颗卫星，它什么都能干？比如说定位、导航、授时、通信，还能天气预报、地震观测和找寻暗物质……"他一口气说了这么多，自己也感到有点不

好意思了。

"哈哈，你这是要来个大杂烩啊！"小征笑着说，"不好意思——没有，至少现在没有。别说这种包罗万象的综合性卫星，就是功能复杂的卫星都不会太多。那句话怎么说的？专业的人做专业的事，卫星也是一样，通信卫星就负责通信，导航卫星就负责导航，这样才能更加精细化、专业化。"

福子月也笑着说："要是真有那么一颗卫星，它得带多少仪器上天，得用多少能量才能运作？那都不是卫星，整个儿就是一个空间站！"

她稍微停了一下，还是转向小征："那有没有覆盖范围更大的卫星呢？你看，就算是北斗在运行，我们不是同样还有很多地方没有信号、没办法正常通信吗？"

你带的东西比我还多？

"你说这个，那当然有

了！"小征笑着回答。

　　还真有！那必须得了解！

　　小征答应下来，带着他们驶向了太空。"这颗卫星是实践十三号，属于'实践'系列卫星。我们从1971年

我是第一颗实践卫星，先为大家探探路。

的实践一号开始，现在已经发射了20多颗实践卫星，其中最著名的就是这颗实践十三号。"

　　小征告诉他们，"实践"系列是科学探测与技术试验卫星，起步较早，数量庞大，承担任务及新技术较多。其中实践十三号是2017年在西昌发射的中国首颗高通量通信卫星——正是福子月想要了解的那颗。

　　"高通量，一听名字就很带劲！"魏星辰有点兴奋。远远看去，天边那颗卫星伸展着两边长长的太阳翼，身上背着好几口"锅"。

"实践"系列卫星，主要用于空间科学探测和实验与空间技术试验，涉及航空航天的各个领域。

　　小征指着卫星告诉他们，与一般通信卫星相比，高通量卫星容量大、速率高、价格低，而且终端设备轻便，组网快捷，也就是说福子月那些包括偏远地区的通信在内的要求，它基本上都能满足。

　　"有那么神吗？"福子月将信将疑。

　　"当然有，它的高通量是指通信总容量，比以前的通信卫星提升了十倍以上，甚至超过了我国之前发射的所有通信卫星容量的总和！"小征自信满满。

　　"那，它真的能覆盖到我国所有的地方？"魏星辰也十分好奇。

　　"覆盖到所有地方不敢保证，但它可以不受地面条件的限制，别说山区、沙漠、草原、海洋这些存在盲区的地方，就算是移动的飞机、高铁、车辆、轮船，它都能提供优良的通信信号。更重要的是它的成本低啊，对于那些通信设施不

实践十三号
高通量通信卫星

发达的地区，它就是最有用的宝贝。"小征一边说，一边展开面前的全息投影屏幕，显示出一条条信息来。

"看看，这些都是它的功劳！"甘肃舟曲县、四川省凉山彝族自治州等15个教学点，依靠实践十三号开展"利用高通量宽带卫星实现学校（教学点）网络全覆盖试点项目"，对于那些以前因为位置偏僻、受地理条件限制而无法上网的学校来说，从此上网无忧了！

"还有啊，因为它的高通量通信技术，以前大家只能收看标清的电视节目，现在都可以收看超高清电视节目了！"

"那这是大步飞跃嘛！"福子月也兴奋起来，"没想到还真有这么厉害的家伙！"

实践十三号

我很省能量的。

可以减去90%。

这么多?

　　"要说它最厉害的，还不止这些作用。"小征得意地说，"它可是我国首次运用电推进系统的卫星，比起传统的推进系统，电推进系统可以减少它携带的推进剂，就可以增加它的有效载荷，工作效率也更高了！"

　　用了电推进系统，只需要携带传统推进方式十分之一的燃料就行了，推力精准不说，操纵更加灵活，姿势调整也更加稳定，还能延长它的使用寿命——我们这颗实践十三号，设计寿命便有15年，已经大大超过了目前普通的通信卫星。它也是首次在高轨长寿命通信卫星上大量工程化应用国产产品的卫星，这些国产产品就包括电推进系统的锂电池，这能不让人自豪嘛！

福子月在为这颗卫星感到骄傲的同时，也在为那些偏远地区的同龄人感到开心——有了这颗卫星的帮助，他们终于可以和城市里的孩子一样，享受网上冲浪的快乐，感受网上教学的便捷，这是多么幸福的事情！

航天没有尽头，望着天边默默工作着的实践十三号，福子月和魏星辰感到我们祖国越来越强大，魏星辰说："我都想快点长大，去研究更好的卫星了！"

"那咱们就一起来吧！"福子月点点头，"为了航天事业，加油！"

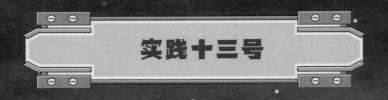

实践十三号

实践十三号卫星是中国首颗高轨道高通量通信卫星，2018 年在轨交付，正式投入使用。它的信息传送能力大大增强，其通信总容量达 20Gbps 以上，比以前有十倍左右的提升。

互联网卫星

采用天地一体化设计理念，可以提供高速"动中通"，在移动的飞机、高铁上，便捷高速上网将成为现实，告别长途飞行"暂时失联"的状态。

飞行安全

卫星信号对飞行控制系统不会形成干扰，不会影响飞行安全。不过要实现上网，需要在飞机上架设天线。

飞机可支持高达 400 兆下载速率

列车可提供数百兆下载速率

覆盖范围

实践十三号卫星最高通信总容量超过了之前所有研制的通信卫星容量的总和，可以覆盖大部分地区和近海海域，包括偏远的深林、山区。

实践十三号

五个"首次"

1. 首次在我国高轨卫星上使用电推进完成全寿命期内南北位保任务。

2. 首次在我国应用 Ka 频段多波束宽带通信系统。

3. 首次在我国高轨卫星上搭载激光通信系统。

4. 首次在我国高轨长寿命通信卫星上百分之百工程化应用国产化产品。

5. 首次在我国卫星上将技术试验和示范应用相结合。

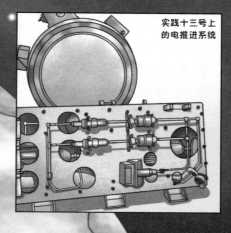
实践十三号上的电推进系统

在游轮上也可以随时晒图分享、视频聊天

实践十三号卫星在完成在轨技术试验验证后，纳入"中星"卫星系列，被命名为中星16号卫星。

图书在版编目（CIP）数据

逐梦太空的少年 . 人造卫星 / 小小航天科学家研究所
编著 . —福州：福建科学技术出版社，2023.4
ISBN 978-7-5335-6975-4

Ⅰ . ①逐… Ⅱ . ①小… Ⅲ . ①人造卫星－少儿读物
Ⅳ . ① V474-49

中国国家版本馆 CIP 数据核字（2023）第 044970 号

书　　名　逐梦太空的少年：人造卫星
编　　著　小小航天科学家研究所
出版发行　福建科学技术出版社
社　　址　福州市东水路 76 号（邮编 350001）
网　　址　www.fjstp.com
经　　销　福建新华发行（集团）有限责任公司
印　　刷　福建省金盾彩色印刷有限公司
开　　本　890 毫米 ×1240 毫米　1 / 32
印　　张　5.5
字　　数　100 千字
版　　次　2023 年 4 月第 1 版
印　　次　2023 年 4 月第 1 次印刷
书　　号　ISBN 978-7-5335-6975-4
定　　价　29.80 元
　　　　　书中如有印装质量问题，可直接向本社调换